供电企业专业技能培训教材

配电自动化运维与故障处理

国网武汉供电公司 组编

中国电力出版社
CHINA ELECTRIC POWER PRESS

内 容 提 要

本书全面系统地介绍了配电自动化运维的相关知识，指导配电自动化终端、主站、通信运维人员的工作。本书主要分为四章。第一章是配电自动化概述，第二章是配电自动化调试，第三章是配电自动化运维，第四章是配电自动化设备缺陷及处理办法。为从事配电自动化运维工作的人员提供了全面、实用的理论知识和技能技巧，有助于提高配电自动化的运维水平和管理水平。

本书可作为配电自动化运维人员、管理人员培训教材，也可供大中专院校相关专业师生参考。

图书在版编目（CIP）数据

配电自动化运维与故障处理 / 国网武汉供电公司组编. -- 北京：中国电力出版社，2025.1. --（供电企业专业技能培训教材）. -- ISBN 978-7-5198-9422-1

I . TM76

中国国家版本馆 CIP 数据核字第 2024XU0874 号

出版发行：中国电力出版社
地　　址：北京市东城区北京站西街 19 号（邮政编码 100005）
网　　址：http://www.cepp.sgcc.com.cn
责任编辑：马淑范（010-63412397）
责任校对：黄　蓓　王小鹏
装帧设计：赵丽媛
责任印制：杨晓东

印　　刷：廊坊市文峰档案印务有限公司
版　　次：2025 年 1 月第一版
印　　次：2025 年 1 月北京第一次印刷
开　　本：710 毫米×1000 毫米　16 开本
印　　张：8.25
字　　数：146 千字
定　　价：56.00 元

版 权 专 有 侵 权 必 究

本书如有印装质量问题，我社营销中心负责退换

《供电企业专业技能培训教材》

丛书编委会

主　　任　夏怀民　汤定超

委　　员　田　超　笪晓峰　周　晖　沈永琰　刘文超

　　　　　朱　伟　李东升　石一辉　陈　爽

本书编写组

主　　编　朱　伟

副 主 编　李东升　石一辉　熊瑞屏

编写人员　卢　晨　陈　炜　朱程雯　张　敏　陈昌创

　　　　　马　铭　定渊博　杨　逸　崔　洵　王　伟

　　　　　王瑜谦　郑　孜　杜　崴　刘晓云　史纹龙

　　　　　曹力行　李　航　范　海　陈　帆　段纪红

　　　　　董怡浪　张钟毓　姜世公　宋甜甜　周　云

　　　　　蒋浩晨

前言

配电网是新型电力系统发展的重要环节。构建新型电力系统将使配电网电源及负荷朝着多元化方向发展，配电网功能与形态需要进行深刻变革。配电自动化在新型电力系统建设中发挥着至关重要的作用，它通过引入智能终端、远程监控和大数据分析技术，推动电力系统向数字化、智能化转型。同时，配电自动化也提高了配电网故障研判及故障恢复速度，从而有效提高供电可靠性，为用户提供更优质的电力服务。因此，配电自动化在新型电力系统建设中不可或缺。

本书作为国网武汉供电公司内部配电自动化专业培训教材，立足国网武汉供电公司配电自动化建设实际生产需求，旨在向相关配电人员系统介绍配电自动化的发展历程、运维、调试、故障处理等相关知识，提高配电自动化运维人员的运维技术水平，为配电自动化运维与故障处理提供行为指南。

最后，我们要感谢国网武汉供电公司参与编写本书的各位专家，以及提供相关宝贵资料与经验的运维人员。希望这本书能够为读者提供配电自动化运维与故障处理的理论知识库和现场实用指导，让读者更好地开展配电自动化的相关工作。

本书编委会

目 录

前言

第一章 配电自动化概述 ·· 1

第一节 配电自动化发展 ·· 1
一、国外发展状况 ·· 1
二、国内发展状况 ·· 2

第二节 配电自动化建设 ·· 5
一、建设总则 ·· 5
二、配电自动化主站建设原则 ·· 6
三、配电自动化建设模式选取原则 ·· 7
四、配电通信系统建设原则 ·· 9
五、分布式电源及多元化负荷接入适应性要求 ····························· 11

第三节 配电自动化应用 ··· 11

第二章 配电自动化调试 ··· 13

第一节 配电自动化终端调试及上线要求 ································· 13
一、配电自动化终端介绍 ··· 13
二、配电自动化设备调试要求 ··· 16
三、配电自动化上线要求 ··· 18

第二节 DTU 装置调试 ··· 19
一、调试前检查 ··· 19
二、维护软件配置及连接 ··· 20
三、"三遥"调试 ··· 21

第三节　FTU 装置调试 ································· 26
　　一、调试前检查 ································· 26
　　二、维护软件配置及连接 ························· 28
　　三、"三遥"调试 ································· 29

第四节　故障指示器调试 ····························· 33
　　一、调试前检查 ································· 33
　　二、维护软件配置及连接 ························· 33
　　三、"二遥"调试 ································· 36

第五节　TTU 装置调试 ································· 37
　　一、调试前检查 ································· 37
　　二、维护软件配置及连接 ························· 38
　　三、"二遥"调试 ································· 39

第六节　配电自动化主站与配电自动化终端设备联调 ····· 40
　　一、配电自动化主站简介 ························· 40
　　二、主站与终端联调流程及方法 ··················· 47

第三章　配电自动化运维 ····························· 48

第一节　配电自动化运维要求 ························· 48
　　一、配电自动化设备分类 ························· 48
　　二、配电自动化运维分界 ························· 48
　　三、配电自动化运维标准 ························· 49

第二节　配电自动化主站运维 ························· 53
　　一、主站巡视要求 ······························· 53
　　二、主站运行监控要求 ··························· 55
　　三、主站技术资料管理 ··························· 57

第三节　配电自动化终端运维 ························· 57
　　一、终端验收要求 ······························· 57
　　二、终端巡视要求 ······························· 62
　　三、终端异动管理 ······························· 64
　　四、终端技术资料管理 ··························· 66

第四节　配电自动化通信运维 ························· 67

  一、通信设备验收要求 ··· 67
  二、通信设备巡视要求 ··· 68
  三、通信设备异动管理 ··· 68
  四、通信设备技术资料管理 ··· 69
 第五节 网络安防管理 ··· 70
  一、主站系统网络安防管理 ··· 70
  二、终端网络安防管理 ··· 70

第四章 配电自动化设备缺陷及处理办法 ·· 72

 第一节 常见掉线类缺陷及排查办法 ··· 72
  一、单个配电自动化终端掉线 ··· 72
  二、配电自动化终端大面积掉线 ··· 74
  三、单个配电自动化终端频繁投退 ··· 75
 第二节 常见遥控类缺陷及排查办法 ··· 77
  一、遥控预置失败 ··· 77
  二、遥控预置成功，执行失败 ··· 78
  三、遥控开关错位 ··· 78
  四、开关无法合闸 ··· 78
 第三节 其他类缺陷 ··· 79
  一、遥测值显示错误 ··· 79
  二、遥信值显示错误 ··· 79
  三、对时错误 ··· 80
 第四节 常见硬件故障及其现象 ··· 80
  一、无线通信模块故障 ··· 80
  二、电源模块故障 ··· 80
  三、蓄电池故障 ··· 81
  四、控制电缆故障 ··· 81
  五、继电器故障 ··· 81
  六、电压互感器故障 ··· 81
  七、电流互感器故障 ··· 82
 第五节 FA 常见问题分析 ·· 82

  一、FA 未启动 …………………………………………………… 82

  二、FA 正确启动，故障区间判断不正确 ……………………… 85

  三、全自动化 FA 故障区间判断正确，动作失败 ……………… 94

附录 …………………………………………………………………… 95

  附录 A 配电自动化终端标准点表 …………………………… 95

  附录 B 配电自动化设备配置要求 ………………………… 102

  附录 C DTU 交接验收作业指导卡 ………………………… 105

  附录 D FTU 交接验收作业指导卡 ………………………… 109

  附录 E TTU 交接验收作业指导卡 ………………………… 113

  附录 F 继电保护及自动装置交接验收作业指导卡 ………… 116

  附录 G 远传型故障指示器（包括外施信号源）验收作业指导卡 …… 119

第一章 配电自动化概述

第一节 配电自动化发展

由于国情和开展配电自动化的起点不同,不同国家形成了不同的配电自动化理念和应用模式。

西方工业发达国家配电自动化起始于 20 世纪 50 年代初期,与调度自动化的发展史基本一致。近 20 年来,配电自动化已经成为世界各大电力公司配电网管理不可缺少的重要组成部分和专业发展领域。虽然各国建设模式不尽相同,技术也不一定最先进,但其共性是满足需求,可持续应用并发挥作用。

1999—2000 年,我国也曾轰轰烈烈开展过配电自动化新技术推广,史称第一次浪潮,积累了丰富的经验,更有深刻的教训。2009 年以来,在智能电网新时代推动下,国家电网有限公司和南方电网公司"两网"公司重启配电自动化建设和应用航船,几年来"两网"试点和推广城市已逾百座,展示了新的配电自动化成果和业绩,包括建设管理、技术框架、系统功能、信息交互、通信、运维管理等方面。探索了符合国情的技术路线,强化了实事求是的发展理念。

中国的调度自动化系统——能量管理系统(Energy Management System,EMS)基本保持与国外同步发展的趋势,20 世纪 70 年代以及后期发力,至 20 世纪 80 年代引进四大电网 EMS,如今完全赶上甚至超越了国外。而中国的配电自动化则在 20 世纪 90 年代后期才有了较为广泛的认知和实践,与西方工业发达国家差距较大。配电自动化的发展依赖管理及多专业业务的共同支撑,在国内的发展更具有中国特色。

一、国外发展状况

20 世纪初期,英国、日本、美国等国家开始使用时间顺序送电装置自动隔离故障区间、恢复非故障区段的供电,从而减少故障停电范围,加快查找馈线故障地点。而在此之前配电变电站以及线路开关设备的操作与控制均采用人工方式。20世纪七八十年代开始应用电子及自动控制技术，开发出智能化自动重合器、自动分段器及故障指示器，实现故障点自动隔离及非故障线路的恢复供电，推动馈线自动化的发展。

20世纪80年代，随着计算机及通信技术的发展，形成了包括远程监控、故障自动隔离及恢复供电、电压调控、负荷管理等实时功能在内的配电自动化技术。1988年，国际电气和电子工程师协会（Institute of Electrical and Electronics Engineers，IEEE）编辑出版了配电自动化教程，标志着配电自动化技术趋于成熟，已发展成为一项独立的电力自动化技术。这一阶段称为系统监控自动化阶段。

20世纪90年代开始，地理信息系统（Geographic Information System，GIS）技术有了很大发展，开始应用于配电网管理，形成了离线的自动化绘图机设备管理（Automated Mapping/Facilities Management，AM/FM）系统、停电管理系统（OuCTge Management System，OMS）等，并逐步解决了管理的离线信息与实时监控信息的集成，进入了配电网监控与管理综合自动化阶段，有了配电管理系统（Distribution Management System，DMS）。

发展至今，随着智能电网的兴起，配电自动化系统（Distribution Automation System，DAS）功能与技术内容面临新的革命性进步，高级配电自动化（Advanced Distribution Automation，ADA）应运而生，成为配电自动化发展的新方向。ADA的概念最早由美国EPRI提出，其功能与技术特点主要是满足有源（主动）配电网运行监控与管理的需要，充分发挥分布式电源的作用，优化配电网运行；提供丰富的配电网实时仿真分析和运行控制与管理辅助决策工具，具备包括配电网自愈控制、经济运行、电压无功优化在内的各种高级应用功能；支持在智能终端上完成的基于本地测量信息的就地控制应用和基于相关终端之间对等交换实时数据的分布式智能控制应用，为各种配电自动化及保护与控制应用提供统一的支撑平台，优化自动化系统的结构与性能；采用标准的信息交换模型与通信规约，支撑自动化设备与系统的即插即用，解决自动化"孤岛"问题，实现软硬件资源的高度共享。

近十多年来，配电自动化成为世界各大电力公司配电网管理不可缺少的重要组成部分和专业发展领域。

二、国内发展状况

（一）起步阶段

我国在20世纪90年代后期开展了配电自动化建设与应用的尝试，先后有100

多座大小城市不同程度地开展了配电自动化，为今天的发展积累了宝贵的经验。比较有典型意义的项目主要有：

（1）1996年，在上海浦东金藤工业区建成基于全电缆线路的馈线自动化系统。这是国内第一套投入实际运行的案例。

（2）1999年，在江苏镇江试点以架空和电缆混合线路为主的DAS，并以此为主要应用实践，起草了我国第一个配电自动化功能规范。

（3）2002—2003年，世界银行贷款的配电网项目——杭州、宁波配电自动化工程及南京城区配电网调度自动化系统，是当时投资规模最大的配电自动化项目。

（4）2003年，青岛配电自动化工程通过国家电力公司验收，并在青岛召开了实用化验收现场会。

（二）探索阶段

由于认识的偏差、配电网网架和设备基础较差以及技术和管理等方面原因，我国早期的很多配电自动化工程在投运后没有发挥应有的作用。2004—2009年，国内除了个别研究和案例还在零星开展外，原有大多配电自动化工程相继停止或退出运行。个别亮点仅有上海市电力公司牵头研究适合城市配电自动化的建设模式项目、中国电力科学研究院牵头研究适合县城配电自动化的建设模式项目、全国电力系统管理及信息交换标准化委员会配电网工作组翻译 IEC 61968 标准并完成 DL/T 1080《电力企业应用集成 配电管理的系统接口》项目以及四川双流"县级电网调度/配电/集控/GIS一体化系统"工程项目等，后者曾作为国家电网有限公司农电典型推广项目之一。

这段时期留下的成果除了试验性、探索性经验外，主要是深刻的反思和教训，宝贵的财富至今受用，包括以下两个方面。

（1）技术方面，客观上条件还不够成熟、设计理念与实际需求错位。早期配电网架相对今天比较薄弱，辐射状配电网架比较普遍，转供容量不足；研究配电系统自身特点不足，主站系统对馈线故障处理策略单一，配电终端质量普遍不高，恶劣环境下运行缺陷多，影响"三遥"质量；对工程实施难度估计不足，通信支持技术研究不足、速率低、误码高，投资占比较大；配电网管理信息化缺乏系统支撑，信息人工维护，效率低不准确，无法实现配电网图模数据信息化的同步高效管理，配电主站系统性能限制处理全景配电网信息化的任务；信息模型与交互规范私有化，信息集成几乎不能实施；配电GIS技术尚在起步探索，其实用化程度低；等等。

（2）管理方面，认识不足。配电自动化在管理上涉及多个部门，非联动而不能成。实际工作中，缺乏行业或企业高一层统一领导，以协调各地市因配电网规模和管理机制不同出现的问题，没有形成联动；应用主体和定位比较模糊，配电网调度、生产运行和管理的需求没有兼顾。

很多供电公司没有建立配电网调度，也没有生产或配电网运行指挥中心，配电自动化作为新的专业没有一个明确的归属；专业困难认识不足，初期配电自动化建设追求过高的配电自动化运维技术指标，大而全，应用功能设想得太理想，与实际管理模式脱节，使得配电自动化的作用展示得十分有限，缺陷也多：规划建设中对日后实用化考虑不深，整体规划和分步实施计划未保持一致性，规划设计、建设及验收标准尚未统一。建设的延续性差，试点多、但后劲不足，系统运维缺乏机制保障，重建设而轻维护等。

（三）高速发展阶段

2009年国家电网有限公司开始全面建设智能电网，提出了"在考虑现有网架基础和利用现有设备资源基础上，建设满足配电网实时监控与信息交互、支持分布式电源和电动汽车充电站接入与控制，具备与主网和用户良好互动的开放式DAS，适应坚强智能电网建设与发展"的配电自动化总体要求，并积极开展试点工程建设，标志着我国拉开重启新的配电自动化建设序幕。南方电网公司提出以配电自动化和配用电智能化应用为突破口，研究制定相关方案，全面推进智能电网建设。2009年先期在深圳、广州两个重点城市进行了配电自动化试点，以集中式配电自动化为主，建成并陆续投运，在建设成果上取得了显著成效。国家电网有限公司提出了三段式发展目标，技术路线主要采用集中式建设，计划宏大。

（1）第一阶段：2009—2011年，技术准备阶段。主要目标是初步形成配电自动化技术标准体系，规范配电自动化技术开发、设计、建设和运行；形成针对各种不同需求的配电自动化典型模式系列，完善配电自动化检验和测试方法等。

通过在北京城区、杭州、厦门、银川、上海、成都、宁波等30多个供电公司进行试点工程建设，取得了显著成果，初步形成了一套满足推广需求的配电自动化技术标准体系。

（2）第二阶段：2011—2015年，示范完善阶段。主要目标是基本实现DAS主要功能实用化，运行稳定，发挥作用；基于IEC 61968标准实现DAS与其他信息和管理系统的接口规范化和应用的实用化；确保配电自动化技术具备大面积推广条件。

该阶段承上启下，非常关键，决定了今后配电自动化工作的走向。其任务仍处于实施过程中，困难很大，需要通过不断对一些目标和计划做出相应的调整，确保建设工作能够满足实用化功能需求，管理工作能够细致全面，系统运行维护能够及时有效。该阶段继续领先的主要包括厦门、杭州、成都、宁波、南昌等城市及山东省。而且成都案例作为智能电网的"中国实践典范"，影响广泛。

（3）第三阶段：2016—2020年，配电自动化新的设计路线的探索和系统研究，并逐步推广阶段，也是国家能源局配电网建设改造"十三五"行动计划的具体实施实践阶段。主要目标是重点开展配电自动化和智能配电各项相关技术的完善工作，积极推进实用化，并在国家电网有限公司系统全面推广应用。

第二节 配电自动化建设

一、建设总则

（1）配电自动化规划设计应遵循网架先行、经济实用、标准设计、差异化建设、资源共享、同步建设的原则，并满足安全防护要求。

（2）武汉配电网应以国网湖北省电力有限公司配电网网格化规划为依据，按照扁平化原则建设中压（10/20kV）目标网架，同时按照配电自动化与配电网网架"统筹规划、同步建设"的原则，采取"主站一体化、终端和通信差异化"的模式，全面推进配电自动化建设，着力提升配电自动化应用水平，全面支撑配电网精益管理和精准投资，不断提高配电网供电可靠性、供电质量和效率效益。

（3）要按照国家电网有限公司"四个一"的工作要求，全面推进配电网一、二次系统的协同建设，以提高供电可靠性为目标，按照"简单可靠、经济适用"的原则，差异化、有序推进不同供电区域配电自动化建设，在逐步优化完善配电网网架的同时，合理选择建设模式，确保建设质量和成效。

（4）经济实用原则。配电自动化规划设计应根据不同类型供电区域的供电可靠性需求，采取差异化技术策略，注重系统功能实用性，结合配电网发展有序投资。

（5）标准设计原则。配电自动化规划设计应遵循配电自动化技术标准体系，配电网一、二次设备应依据接口标准设计，配电自动化系统设计的图形、模型、流程等应遵循国标、行标、企标等相关技术标准。

（6）差异化建设原则。根据不同供电区域、配电网目标网架等情况，合理选择不同类型供电区域的故障处理模式、配电终端配置方式、通信建设模式、数据采集节点及配电终端数量。

（7）规划建设同步原则。配电网规划设计与建设改造应同步考虑配电自动化建设需求，配电终端、通信系统应与配电网实现同步规划、同步设计。对于网改工程、迁改工程、住宅配套等项目中新建的配电线路和开关设备等，按照配电网规划，结合配电网建设改造项目，同步实施配电自动化建设。对于存量的配电线路和开关设备，根据供电区域、目标网架和供电可靠性差异，匹配不同的终端和通信建设模式，开展差异化改造。加装用户分界开关，分清与用户的管理界面，降低用户内部故障导致主干线跳闸的风险。

（8）安全防护要求。配电自动化系统建设应满足国家电力监管委员会第5号令《电力二次系统安全防护规定》，以及国家电网有限公司关于中低压配电网安全防护的相关规定，落实"安全分区、网络专用、横向隔离、纵向认证"的总体要求，并对控制指令使用基于非对称密钥的单向认证加密技术进行安全防护。

二、配电自动化主站建设原则

（1）配电主站是配电自动化系统的核心组成部分，应构建在标准、通用的软硬件基础平台上，具备可靠性、适用性、安全性和扩展性。应根据公司配电自动化标准体系要求，充分考虑配电自动化实施范围、建设规模、构建方式、故障处理模式和建设周期等因素，遵循统一规划、标准设计的原则进行有序建设，并保证应用接口标准化和功能的可扩展性。主站应面向智能配电网，突出信息化、自动化、互动化的特点，遵循 IEC 61968 等标准，实现信息交互、数据共享和集成，支撑配电网的智能化管理和应用。

（2）主站功能应满足配电网调度控制、故障研判、抢修指挥等要求，业务上支持规划、运检、营销、调度等全过程管理具体功能，规范应符合 Q/GDW 513—2010《配电自动化主站系统功能规范》的要求。在必备的基本功能基础上，根据配电网运行管理需要与建设条件选配相关扩展功能。主站均应具备的基本功能包括：配电 SCADA，模型/图形管理，馈线自动化，拓扑分析（拓扑着色、负荷转供、停电分析等），与调度自动化系统、GIS、PMS 等系统交互应用。主站可具备的扩展功能包括：自动成图、操作票、状态估计、潮流计算、解合环分析、负荷预测、网络重构、安全运行分析、自愈控制、分布式电源接入控制应用、经济优化运行等配电网分析应用以及仿真培训功能。

（3）配电主站应对配电网设备的运行情况进行监控，包括对变电站中压母线和出线断路器监测与控制，开关站中压母线和进出线断路器监测与控制，中压线路和开关设备监测或控制，配电变压器（公用、专用变压器）监测，以及分布式电源等其他需要监测的对象。

（4）主站规模应根据配电网规模和应用需求进行差异化配置，依据 Q/GDW 1625—2013《配电自动化建设与改造标准化设计技术规定》中规定的实时信息量测算方法确定，武汉应配置大型主站。宜按照地配、县配一体化模式建设。对于配电网实时信息量大于 10 万点的远城区公司，可在当地增加采集处理服务器。

（5）主站建设应考虑配套的机房、空调、电源等环境条件的建设，满足系统运行要求。

三、配电自动化建设模式选取原则

（1）配电终端用于对环网单元、站所单元、柱上开关、配电变压器、线路等进行数据采集、监测或控制，具体功能规范应符合《配电自动化终端/子站功能规范》Q/GDW 10514—2018 的要求。

（2）应根据可靠性需求、网架结构和设备状况，合理选用配电终端类型。对关键性节点，如主干线联络断路器、必要的分段断路器、分支断路器，进出线较多的开关站、环网单元和配电室，宜配置"三遥"终端；对一般性节点，如用户分界开关、无联络的末端站室，宜配置"二遥"终端。

（3）供电区域划分方法应遵循《国网武汉供电公司中低压配电网规划建设技术指导意见》（鄂电司汉供发展〔2023〕82 号）的规定，见表 1-1。

表 1-1　　　　　　　　武汉市供电区域划分表

供电区域	A+	A	B	C	D
供区行政面积（km²）	58.63	1312.01	2770.99	1463.97	2963.55
饱和负荷密度 σ（MW/km²）	$\sigma=30$	$15 \leqslant \sigma<30$	$6 \leqslant \sigma<15$	$1 \leqslant \sigma<6$	$0.1 \leqslant \sigma<1$
武汉市	省委、省政府、市委、市政府等所在城区核心区域	中心城区、东湖新技术开发区、原经济技术开发区全区（沌口）、东西湖国家级经济技术开发区中心地带	中心城区、东湖新技术开发区、原经济技术开发区周边绕城工业带（沌口）、远城区政府及经济中心	远城区中工业、人口相对集中区域	一般农业经济活动区，所有 A+、A、B、C 类区域未涵盖的供电区域

注　1. 供电区域面积不宜小于 5km²。
　　2. 计算负荷密度时，应扣除 110（66）kV 及以上专线负荷和相应面积，以及高山、戈壁、荒漠、水域、森林等无效供电面积。
　　3. 武鄂黄核心区域、长江新区可适当提高规划建设标准。

（4）A+、A、B、C、D 类供电区域优先采用"级差保护+集中型馈线自动化"模式。

（5）A+、A类供电区域中重要敏感用户涉及的供电线路、高可靠地区线路、示范区内具备条件的电缆环路，可采用速动型智能分布式馈线自动化。智能分布式馈线自动化应按照馈线环路选用，不可与其他馈线自动化模式混用。

（6）D类供电区域架空线路也可采用就地型馈线自动化。

（7）对接入分布式光伏或柔性互联的配电线路，宜考虑方向性保护功能的应用，同时完善馈线自动化故障区间定位原则。

（8）当分布式光伏规模化接入导致馈线自动化无法准确故障定位时，应优先通过优化馈线自动化策略的方式解决，若上述方式解决困难时，可在配电自动化终端增加故障电流方向判别功能。

（9）配电自动化终端配置标准。

1）配电自动化终端均按"三遥"配置。

2）选用集中型馈线自动化的线路，不同类型供电区域的配电自动化终端按表1-2的标准配置。

表 1-2　　　　　配电自动化终端配置标准

供电区域类型	配电自动化终端配置标准
A+	主干线上开关站、环网室（箱）、联络开关、分段开关、配电室应配置；分支线上开关站、环网室（箱）、联络开关应配置
A	主干线上开关站、重要环网室（箱）、联络开关、分段开关应配置；大分支首端、分支上重要开关站及环网室（箱）应配置
B、C、D	主干线上开关站、重要环网室（箱）、联络开关、分段开关应配置；大分支首端应配置

注　1. 重要开关站及环网室（箱）指馈出负荷总容量超过2000kVA或向重要用户供电的环网室（箱）。
　　2. 联络开关含柱上开关及开关站、环网室（箱）内联络点。

3）选用智能分布式馈线自动化的线路，主干线上所有节点、主干线上配电室、大分支首端均应配置支持智能分布式策略的配电自动化终端。

（10）远传型故障指示器配置标准。

1）在B、C、D类供电区域架空长线路，也可采用远传型故障指示器与配电自动化终端相配合，实现配电线路故障区间的准确判断定位，远传型故障指示器应具备暂态录波功能。

2）远传型故障指示器安装间隔需考虑负荷密度、线路长度等因素，B类供电区域宜1~2km，C、D类供电区域宜3~5km。对于地理环境恶劣、故障巡查困难、故障率较高、接地故障次生事故危害较大的线路，可适当提高安装密度。

3）远传型故障指示器安装处的配电线路日平均负荷电流不应低于5A；对于

低负载（小于5A）线路，可选用3A或1A取电型采集单元。

4）远传型故障指示器安装位置前应进行现场勘查，选取光照条件适宜的位置、高度，并对通信信号进行测试，信号强度应符合要求。

四、配电通信系统建设原则

1. 总体要求

（1）配电通信网规划设计应对业务需求、技术体制、运行维护及投资合理性进行充分论证。配电通信网应遵循数据采集可靠性、安全性、实时性的原则，在满足配电自动化业务需求的前提下，充分考虑综合业务应用需求和通信技术发展趋势，做到统筹兼顾、分步实施、适度超前、安全可靠。

（2）配电通信网建设可选用光纤、无线公网、无线专网、电力线载波等多种通信方式，配电通信网所采用的光缆应与配电网一次网架同步规划、同步建设，或预留相应位置和管道，满足配电自动化中、长期建设和业务发展需求。

（3）配电通信网通信设备应采用统一管理的方式，在设备网管的基础上充分利用通信管理系统（TMS）实现对配电通信网中各类设备的统一管理。

（4）配电通信网应满足二次安全防护要求，采用可靠的安全隔离和认证措施。

（5）配电通信设备电源应与配电终端电源一体化配置。

2. 组网方式

（1）有线组网宜采用光纤通信介质，以有源光网络或无源光网络方式组成网络。有源光网络优先采用工业以太网交换机，组网宜采用环形拓扑结构；无源光网络优先采用EPON系统，组网宜采用星形和链形拓扑结构。

（2）无线组网可采用无线公网和无线专网方式。采用无线公网通信方式时，应采取专线APN或VPN访问控制、认证加密等安全措施；采用无线专网通信方式时，应采用国家无线电管理部门授权的无线频率进行组网，并采取双向鉴权认证、安全性激活等安全措施。

3. 通信方式选择

通信接入方式应遵循《国网武汉供电公司中低压配电网规划建设技术指导意见》（鄂电司汉供发展〔2023〕82号）的规定，如表1-3所示。

表1-3　　配电通信接入网推荐通信方式

站点类型	供电区域类型	通信方式
配电自动化终端站点	A+、A	电缆线路应采用光纤通信，架空线路优先使用光纤通信。无线通信模式可作为双通道补充
	B	电缆线路优先采用光纤通信，架空线路优先采用无线通信
	C	电缆线路宜采用光纤通信，架空线路优先采用无线通信
	D	电缆线路、架空线路优先采用无线通信
用电信息采集站点	—	光缆已覆盖区域优先采用光纤通信，其余采用无线专网或公网
电动汽车充换电站	—	光缆已覆盖区域优先采用光纤通信，其余采用无线专网或公网

4. 通信规约

配电主站与配电终端应采用标准化通信规约，满足 DL/T 634 规定。

5. 信息交互

（1）配电自动化系统与调度自动化系统、PMS、电网 GIS 平台、营销业务系统等其他系统进行信息交互，遵循源端唯一、源端维护的原则，实现数据共享和应用集成。

（2）配电自动化信息交互模型应遵循标准化原则，即以 IEC 61968 CIM 标准为核心，遵循和采用调度自动化系统、PMS、电网 GIS 平台、营销业务系统等相关集成规范。

（3）配电自动化应采用标准化的信息交互方式，配电主站与调度控制系统应按照智能电网调度控制系统相关标准技术要求进行数据交互，配电主站与其他系统之间的信息交互应遵循公司相关技术标准。

（4）信息交换总线应支持基于消息的业务编排、信息交互拓扑可视化、信息流可视化等应用，满足各专业系统与总线之间的即插即用。

6. 安全防护

参照"安全分区、网络专用、横向隔离、纵向认证"的原则，针对配电自动化系统点多面广、分布广泛、户外运行等特点，采用双向认证及加密方式实现配电主站与配电终端间的双向身份鉴别，确保数据机密性和完整性；加强配电主站边界安全防护，与主网调度自动化系统之间采用横向单向安全隔离装置，接入生产控制大区的配电终端均通过安全接入区接入配电主站；加强配电终端服务和端口管理、密码管理、运维管控、内嵌安全芯片等措施，提高终端的防护水平。

五、分布式电源及多元化负荷接入适应性要求

（1）配电自动化系统应具备对接入配电网的分布式电源、储能系统及电动汽车充换电设施等的监控功能。

（2）分布式电源、储能系统及电动汽车充换电设施接入配电网时，应评估其对配电自动化故障处理检测和策略的影响。

第三节 配电自动化应用

配电自动化是指以配电网一次网架和设备为基础，综合利用计算机、信息及通信等技术，并通过与相关应用系统的信息集成，实现配电网正常运行及事故情况下的监测、保护、控制、用电和配电管理的现代化。配电自动化的应用主要体现在以下几个方面。

（1）配电监视控制和数据采集（Supervisory Control And Data Acquisition，SCADA）。配电自动化实现数据采集（遥测、遥信）、控制调整（遥控、遥调）、状态监视、报警、事件顺序记录、统计计算、趋势曲线、事故追忆、历史数据存储等，实现保护的远方投切、定值远方召测和下达，使调度员能够从主站系统计算机界面上，实时监视配电网设备运行状态，并进行远程操作和调节。SCADA是配电自动化的基本应用。

（2）馈线自动化（Feeder Automation，FA）。在线路发生永久故障后，FA自动定位线路故障点，断开故障点两侧的开关，隔离故障区段，合上故障区上游电源侧开关以及故障区下游联络开关，恢复非故障线路的供电，提高了抢修效率，缩短停电时间和停电范围，将小时级恢复非故障区供电变为分钟级，提高了供电可靠性。

（3）图模自动生成。配电自动化系统为配电网运行管理提供一个有效、能操作的网络模型，支持基于单设备，线路动/静态拓扑、图模对比等方式的拓扑校验，检查线路拓扑异常情况。通过新一代配电自动化主站成图建设与图模实用化工作相结合，推进设备部和调度对图模的实用化应用，达成"全业务、一套图、融贯通、提应用"的目标，支持其他系统应用软件的开发和子系统功能的实现，实现对配电网设备的资产、设计、施工、检修进行有效管理。

（4）负荷管理。通过负荷优化组合控制，将可控负荷进行编组，制定一个或多个负荷管理方案，监视用户电力负荷状态，并利用降压减载、对可控负荷周期性投切、故障情况下拉闸限电等多种负荷控制方式削峰、填谷、错峰，改变系统

负荷曲线的形状，实现最佳负荷控制，提高电力设备利用率，降低供电成本。

（5）电压管理。根据配电网电压、功率因数或无功电流等参数，自动控制无功补偿电容器和有载调压变压器分接头的挡位，从而实现无功电压自动控制，降低电能损耗。

（6）配电网高级应用。利用配电自动化提供的信息，结合分析软件，实现网络拓扑分析、配电网潮流分析、短路电流计算、线损分析、负荷预测等。通过其他系统应用软件，实现一键速控、一键转供等，大幅度缩短配电网倒闸操作的时间，确保极端事故情况下能够快速精准控制负荷，保障民生可靠供电。

第二章　配电自动化调试

第一节　配电自动化终端调试及上线要求

一、配电自动化终端介绍

（一）配电自动化终端分类

配电自动化终端设备包括馈线终端（Feeder Terminal Unit，FTU）、站所终端（Distribution Terminal Unit，DTU）、故障指示器、配电变压器终端（Transformer Terminal Unit，TTU）等智能化终端及其附属感知类设备。

（1）馈线终端：一般指装设在馈线开关旁的开关监控装置。这些馈线开关指的是户外的柱上开关，如10kV线路上的断路器、负荷开关、分段开关等。

（2）站所终端：一般安装在常规的开关站、户外小型开关站、环网柜、小型变电站、箱式变电站等处，完成对开关设备的位置信号、电压、电流、有功功率、无功功率、功率因数、电能量等数据的采集与计算，对开关进行分合闸操作，实现对馈线开关的故障识别、隔离和对非故障区间的恢复供电。

（3）故障指示器：可以直接安装在配电线路上的指示装置，它通常包括电流、电压检测、故障判别、故障指示驱动、故障状态指示及信号输出和自动延时复位控制等功能。

（4）配电变压器终端：监测并记录配电变压器的运行工况，根据低压侧三相电压、电流采样值，计算一次电压有效值、电流有效值、有功功率、无功功率、功率因数、有功电能、无功电能等运行参数。

（二）配电自动化终端主要功能

1. 信息高速采集处理

（1）遥信（YX）功能。采集遥信变位，事故遥信并可向主站或子站发送状态量；可根据要求采集单点遥信和双点遥信。

（2）遥测（YC）功能。采集、转换、处理模拟量并可同时向主站传送，实现电流、电压量的测量，监视馈线的供电状况，其中模拟量包括：I_A、I_B、I_C、$3I_0$、U_A、U_B、U_C、$3U_0$、P、Q、I_{pa}、I_{pb}、I_{pc}、f、DC等。

（3）遥控（YK）功能。装置具有远方控制功能和当地控制功能：装置接受并执行来自主站或子站的遥控指令，完成开关的分、合闸及分合闸闭锁操作，具有当地控制功能，可就地实现开关的分、合闸及分合闸闭锁操作。

（4）可采集三路直流量。

2. 事件顺序记录

（1）记录系统状态量发生变化的时刻和先后次序，并向主站传送，最多可记录255个事件，分辨率不大于2ms。

（2）记录馈线发生短路故障的时间并上送。

（3）记录电源发生故障的时间并上送。

（4）记录系统真实遥信信息及故障发生、系统运行状态信息。

（5）遥信变位记录，记录遥信变位的时间及状态，并上报。

3. 定值远方或当地召唤及修改

能接收主站端显示装置的指定修改定值，同时支持主站可随时召唤配电自动化终端的当前整定值。拥有参数设定、工况显示、系统诊断等维护功能。也可在装置面板上直接进行参数设置及定值修改。

4. 统计

事件记录SOE，跳/合闸次数和时标，故障记录，负荷曲线记录。

按照用户设定的时间间隔对选定的内容进行滚动数据记录功能；可设定5 min、15 min、30 min、60 min 4种数据采样时间间隔，每点记录均有4字节的时标，记录数据采样时的"月、日、时、分"。正常记录时间不小于30天。

5. 人机界面

（1）专用调试软件，支持远方调试、参数设置、软件升级。
（2）专用调试接口 RS232，供便携机当地调试。
（3）智能液晶显示：128×128 的点阵液晶，纯中文界面。
（4）指示灯：电源，运行/故障指示，状态量指示。

6. 通信

装置有 1 个 RS232 口，1 个 RS232 口/RS485 口，以及 2 个以太网接口。所有通信口均经过光电隔离，具有良好的抗干扰和防雷特性。实现与主站或子站的数据转发、信息上送，接受并执行主站或子站下达的遥控命令，进行故障处理，并可实现站内 TTU 等其他智能设备的数据采集和转发。

具有丰富的通信规约，如 IEC 104 规约、DNP3.0、IEC 600807—5—101、SC 1801 等规约。

7. 故障检测及故障判别功能

具有零序过流过压、线路过负荷、线路三相过电流等检测功能。

装置根据采集的电流大小及设置的定值，能够判别故障电流、快速计算故障电流大小，进行比较，并将故障信息及性质主动上报给主站，以便进行故障隔离。

8. 电源管理

为适应配电网多样化的供电模式，具有 AC220V/DC220V、AC110V/DC110V、DC48V/DC24V 等电压输入。

（1）电源监视功能：在主电源失电、备用电源输出电压过低时产生故障信号，以状态量变位的方式上报并有时间记录功能。

（2）电源失电保护功能：电源失电时，装置的信息在内部掉电保护的存储器（FLASHRAM、DALLASRAM）中保存，可达十年。

（3）多功能电源管理：装置具有外置专用充电器，装置硬件双重控制，可以对备用电源进行全面的充放电管理，可以根据蓄电池的充放电曲线进行管理，具有低压切负载等功能。

（4）特殊备用电源：根据不同的使用环境选择不同的备用电源，在低温或高温地区采用专用电容储能板作为装置和操作用的备用电源。

9. 设备自诊断及自恢复功能

具有上电及软件自恢复功能，对程序运行状态进行监测。

能定期对内部重要的芯片进行检测，出错向子站或主站告警并反应内部工况，也可进行人工诊断，人工诊断可通过内置和外置软硬件设备进行自诊断。

采集和监视装置本身主要部件及后备电源的状态，故障时能传送报警信息。

10. 保护功能

配电自动化终端（FTU 或 DTU）具有集中保护功能，进线电源失电时备用电源自动投入，出线或变压器回路具有速断保护、零序过电流、零序过电压、反时限过电流等保护。

二、配电自动化设备调试要求

配电自动化设备按照要求在配电主站完成标准化建模及点表配置，依据"应调必调，完整验收"的原则，严格落实"三遥"、远方定值、继电保护、故障录波等应用功能的规范化接入调试，通过现场和主站的联合验收后方可接入配电主站挂网运行。

（一）"三遥"功能调试

（1）对时功能测试。配电主站下发对时命令，查看配电自动化设备时钟是否与配电主站一致。

（2）遥测精度调试。通过继电保护测试仪向配电自动化设备输出电压、电流等被测模拟量，查看继电保护测试仪输出值与配电主站获取的遥测值是否在偏差允许范围内。

（3）遥控操作试验。通过配电主站向配电自动化设备发分/合闸控制命令，连续分合闸三次，查看设备是否正确执行操作。

（4）遥信正确性检验。按点表顺序逐一操作配电自动化设备的开入量，查看配电主站是否收到相应的遥信变位，变位信号是否及时上送。

（二）远方定值下装与召测功能调试

（1）配电主站召测配电自动化设备当前定值，查看能否正常召测数据。

（2）配电主站按保护调试定值单规范填写相应的定值参数，远程下装，查看定值下装过程是否异常。

（3）设备侧调试人员逐项核对定值是否下装到设备，并通知配电主站。

（4）断开设备电源1min后重新启动电源，配电自动化设备定值应不发生变化，配电主站再次召测设备当前定值，逐项核对召测定值是否与保护调试定值单一致。

（5）设备召测及下装保护定值为二次值，上送遥测值为一次值。

（6）在主站应可远方修改保护、重合闸等软压板。

（三）继电保护功能检验

（1）过流Ⅰ段、过流Ⅱ段、零序Ⅰ段、零序Ⅱ段保护检验（零序保护适用中性点经小电阻接地方式）。通过继电保护测试仪输出过流Ⅰ段、过流Ⅱ段、零序Ⅰ段、零序Ⅱ段对应的故障信号，查看配电自动化设备是否正确动作，配电主站是否及时收到相应的告警和动作信号。

（2）重合闸功能检验。通过继电保护测试仪输出重合闸状态序列，查看配电自动化设备能否正常重合，配电主站是否能收到开关重合闸动作信号。

（四）故障录波与召测功能调试

（1）结合继电保护功能检验，查看配电自动化设备是否正确录波，调试应为完整的传动试验，模拟真实故障（含短路故障、接地故障），以便实现故障录波的生成、召测、解析、判断等功能。

（2）配电主站可召测、解析配电自动化设备的录波文件，并正确判断故障。

（3）短路故障录波功能调试：通过继电保护测试仪输出状态序列模拟短路故障电流，将故障电流分别输出至故障点前、故障点后共计两处终端或故障指示器。因故障指示器的输入值为一次值，需采用缠绕线圈的方法将继电保护测试仪输出的二次值升高模拟电流突变。终端、故障指示器需能正确抓取故障波形并上送至配电自动化主站，主站算法服务器能通过线路拓扑关系及故障录波正确解析并判断故障位置、故障类型，判断结果应与现场模拟的故障点一致。

（4）接地故障录波功能调试：采集故障点前、故障点后、同母线非故障线路共计三处在单相接地故障时的真实故障波形，通过继电保护测试仪反演，同时传输给终端或故障指示器。因故障指示器的输入值为一次值，可以采用大功率输出设备或缠绕匝丝的方法将继电保护测试仪输出的二次值升高为一次值。终端故障指示器需能正确抓取故障波形并上送至配电自动化主站，主站算法服务器能通过线路拓扑关系及故障录波正确解析并判断故障位置、故障类型，判断结果应与现场模拟的故障点一致。主站算法服务器若能判定出结果，判定界面将直接弹出。

"三遥"功能、远方定值下装与召测功能、继电保护功能、故障录波与召测功能为 DTU、FTU 必调项目，"三遥"功能为远动屏必调项目，遥测遥信功能及故障录波与召测功能为故障指示器必调项目。

其中短路/接地故障录波功能为功能性调试，按照批次、厂家开展抽检即可。同一批次、同一厂家按照 10% 的比例抽检，不足 3 台按 3 台抽检，抽检设备均能成功完成短路、接地故障录波功能性调试则为合格。

调试报告需经配电单位人员和配电主站侧调试人员双方签字，作为项目竣工及后期运维资料，由配电运维检修单位和调控中心分别存档。

三、配电自动化上线要求

（一）设备投运前复核

（1）配电自动化设备落位后，必须检查设备和配电主站通信，采用光纤通信方式，设备应保证通信质量良好，无丢包现象，采用无线通信方式，通信模块数据传输速率及时延应满足配电自动化设备数据交换需求，若无线通信信号强度不满足要求时，应通过加装天线等措施予以保障。

（2）新投配电自动化设备必须现场验证遥控功能，其中运行的配电网设备应在布置好安全措施后进行远方预置试验，试验合格方可上线；新（改、扩）建配电网设备必须执行远方遥控送电操作；确保配电自动化设备遥控功能完备。

（3）复核当前设备的状态位置，复核设备的电压、电流等运行数据。

（4）现场所有涉及配电网设备远方操作的压板及把手均需切至远方状态。

（5）配电主站召测并核对保护定值，审核设备告警功能全部正常投入，保护参数设置及相关控制参数与定值单一致。

（二）同源数据导入和终端迁移

（1）配电自动化设备投运前，通过调控操作中红转黑功能完成同源图模的导入，主站运维人员通过前期项目管理单位提供的单线图与设备变更单，对导入的红图进行审核，审核无误后将红图转黑。

（2）转黑完成后，通过图模运维中自动化终端迁移功能将前期调试的终端数据迁移至同源数据中，完成迁移后重导图模，并对同源推送的图模进行美化。

（三）设备投运资料提交

配电自动化设备申请投运前需提交上线申请单、线路单线图、保护定值单、设备一次图、调试报告等资料，提交给主站审核，审核通过后予以投运。

第二节　DTU 装置调试

一、调试前检查

调试前应检查自动化终端各模块状态，包括通信模块、电源模块、核心单元、操作面板显示等，示例如图 2-1~图 2-4 所示。

图 2-1　环网柜示例

图 2-2　开关站示例

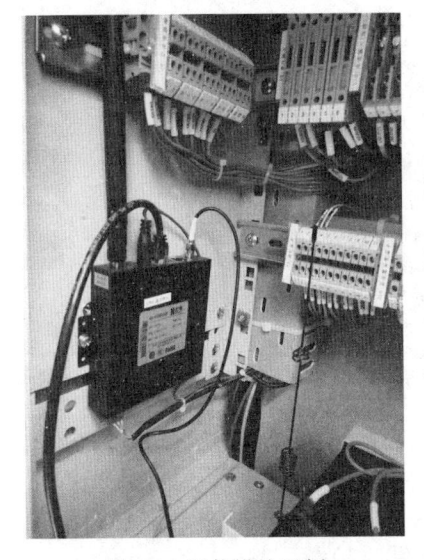

图 2-3　通信模块示例

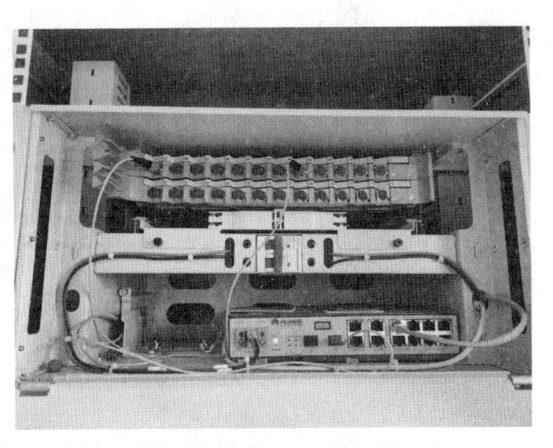

图 2-4　通信装置示例

二、维护软件配置及连接

（1）装置参数配置，注意装置通信参数配置部分（见图2-5）。

图 2-5　装置通信参数配置

（2）遥信点表按照标准模板依次配置（见图2-6）。

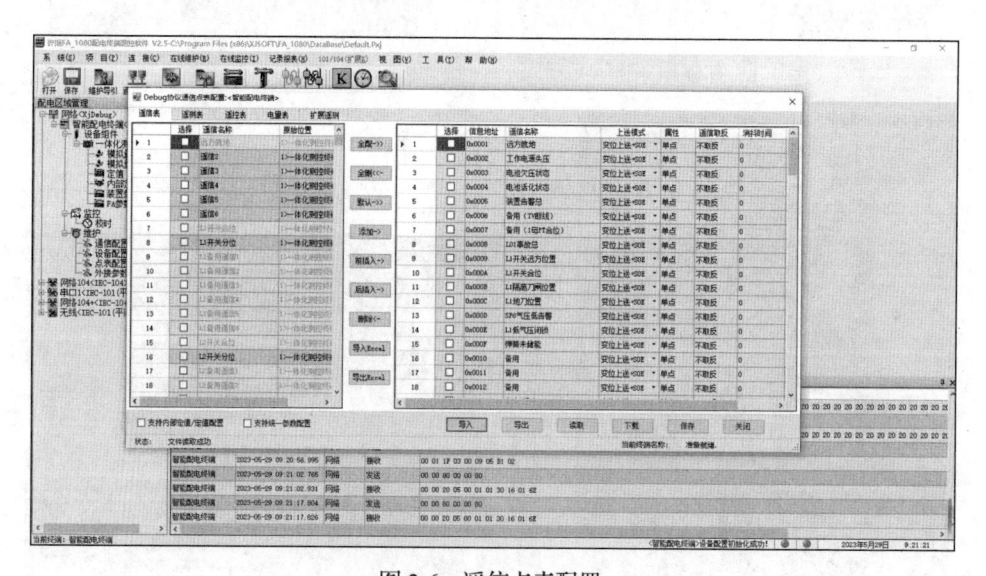

图 2-6　遥信点表配置

（3）遥测点表按照标准模板依次配置（见图2-7）。

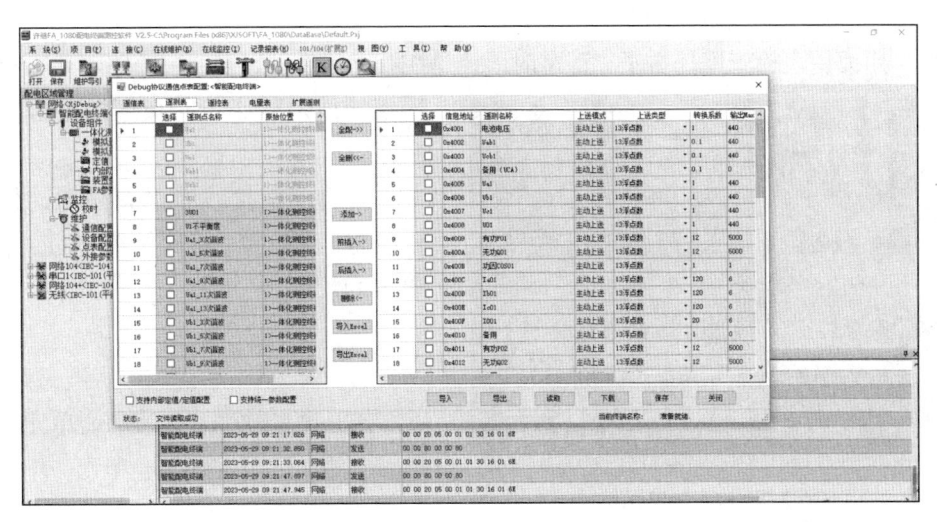

图 2-7 遥测点表配置

（4）遥控点表按照标准模板依次配置（见图 2-8）。

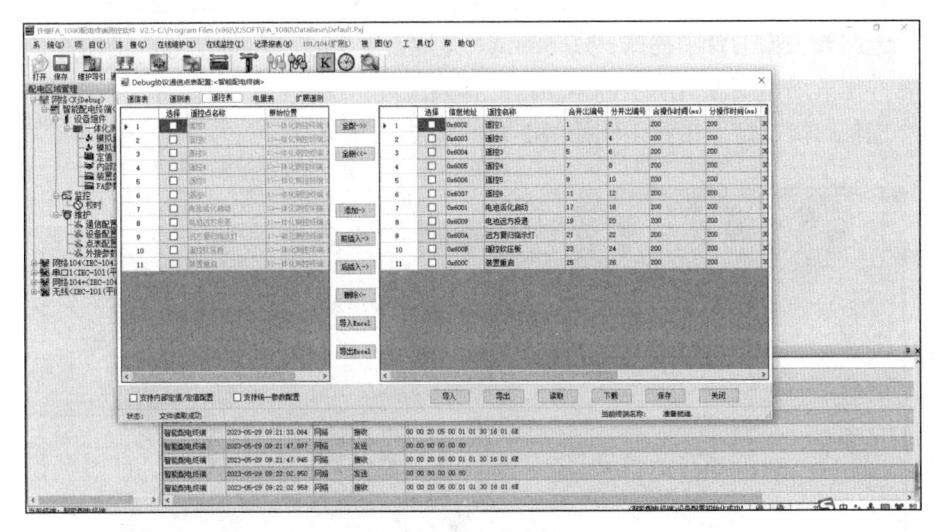

图 2-8 遥控点表配置

三、"三遥"调试

（一）调试前对照端子排接线图检查线路

将电流的每一路端子 A、B、C 相及零序全部拧紧，用万用表检查每一路的电流端子是不是通路，确保电流不开路。

用万用表检查遥控端子，正常时遥控是在开路状态，如果遥控短路就要检查遥控接线及核心单元板遥控是否有问题。

查看遥信接线有没有松动，如松动需重新拧紧，确保接线牢固，如图 2-9 所示。

（二）"三遥"调试

打开调试软件，连接核心单元，把需要的参数下发到核心单元，开始调试。

图 2-9　检查线路示例

1. 遥信调试

送操作电源、交流电源，当设备正常运行后，打开召测视图，选择遥信召测，对每一路开关柜的合闸测试、分闸测试、接地刀闸、远方/就地信号分别动作，查看软件里的遥信变位信息是否和现场的开关位置一致。

遥信召测、定值设置示例如图 2-10～图 2-13 所示。

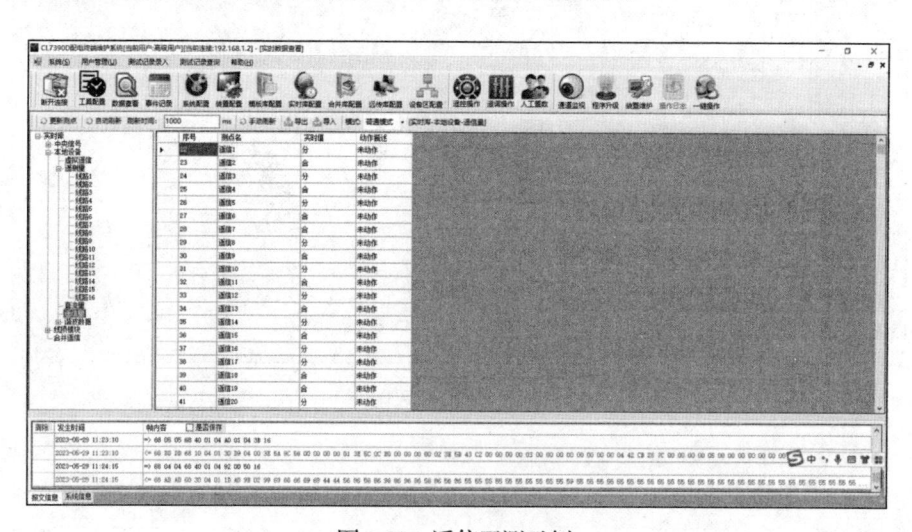

图 2-10　遥信召测示例

设置完定值，继电保护测试仪加量后，查看告警信号。检查保护、测控是否能够正确收到开入变位，变位时间是否正确。

图 2-11 定值设置示例一

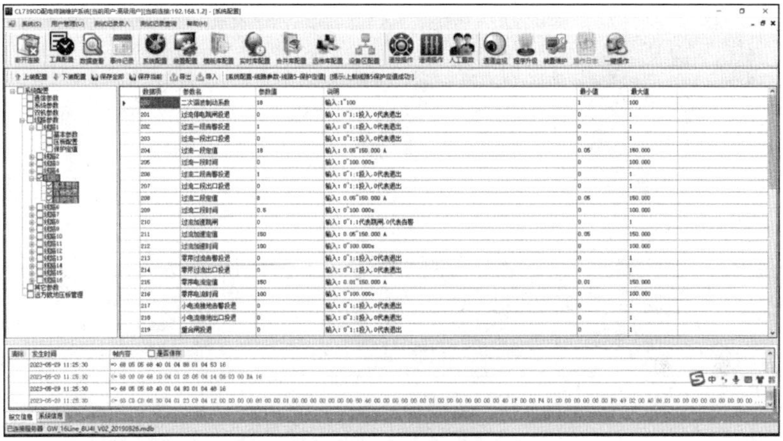

图 2-12 定值设置示例二

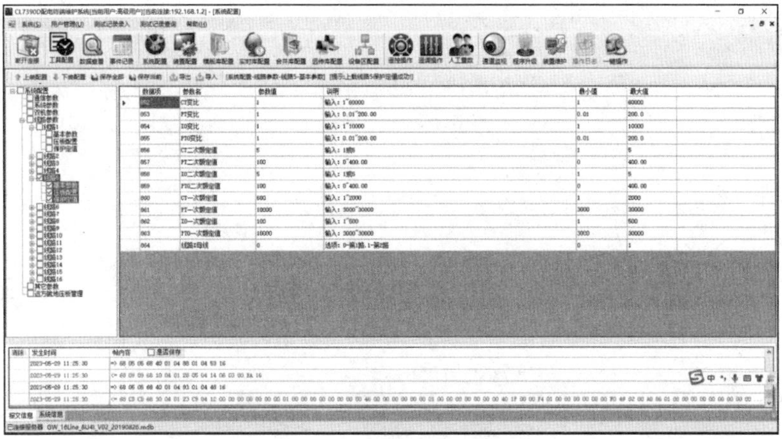

图 2-13 定值设置示例三

2. 遥控调试

确认 DTU 遥控没有短接后,将开关柜"远方/就地"把手打到"远方"位置,合上 DTU 压板,在控制视图里对每一路进行分合闸遥控测试。同时也要对压板及"远方/就地"旋钮进行检查,在压板退出时遥控失败、在开关柜打到"就地"时遥控预置失败,则说明"远方/就地"旋钮接线正常。

注意:在 DTU 端进行控制,如果没有成功,首先要排查 DTU 遥控端有没有脉冲输出,如果 DTU 脉冲输出正常,联系安装人员排查开关柜的接线。

遥控测试软件页面示例如图 2-14、图 2-15 所示。

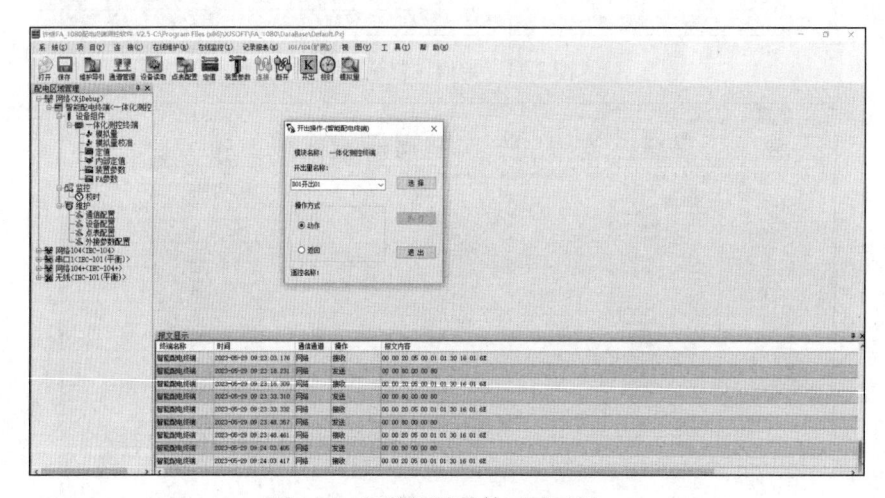

图 2-14 遥控测试软件页面示例一

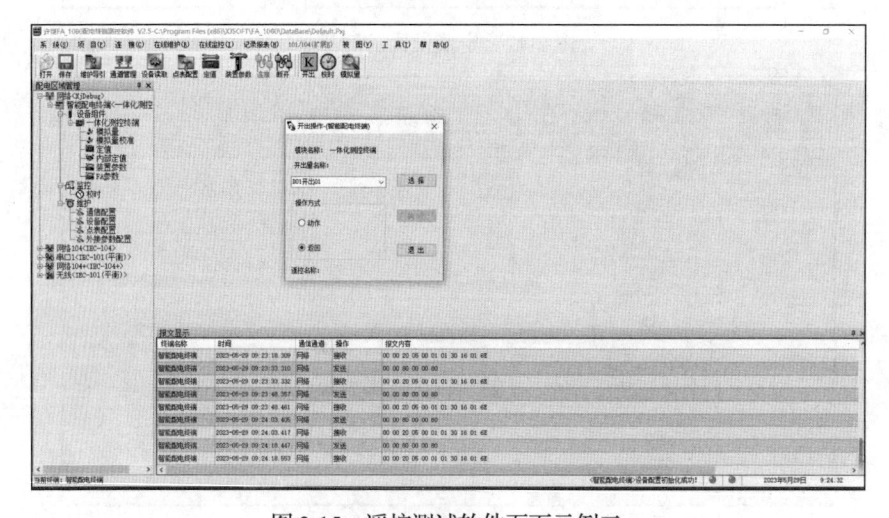

图 2-15 遥控测试软件页面示例二

3. 遥测调试

用继电保护测试仪连接二次端子，如图 2-16 所示，加量时注意三相之间有角度（常规为 A 相 120°，B 相 0°，C 相 120°）。加量后，用计算机读取终端遥测数据，核对数据上传点位是否正确，数据显示是否与继电保护测试仪、计算机一致。

图 2-16 继电保护测试仪测试图

遥测终端信息读取示例如图 2-17 所示。

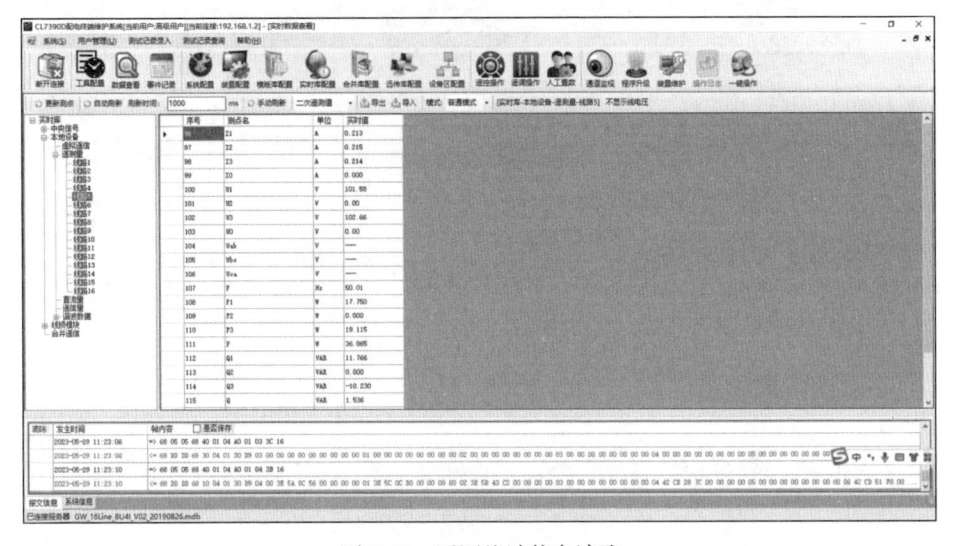

图 2-17 遥测终端信息读取

4. 公共遥信及电池活化

在调试完成"三遥"后，在控制视图里对电池进行活化控制，查看电池是否能正常活化启动、退出及遥信能否正常上报。

对交流失电、操作电源失电及装置电源失电进行测试，查看遥信信号是否正确主动上报。

5. 录波的调试

各厂牌页面可能有部分区别，以许继终端配置为例，注意图 2-18 中选中部分的参数需设置。

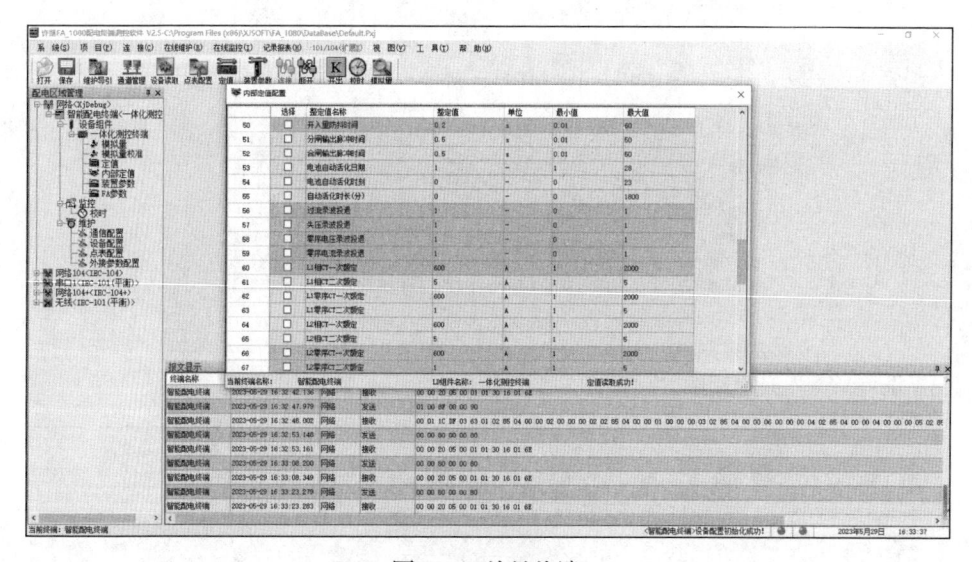

图 2-18 许继终端

第三节 FTU 装置调试

一、调试前检查

调试前装置检查包括电源模块、通信模块、各航插插头等。控制器侧面、控制器正面、控制器面板分别如图 2-19～图 2-21 所示。

图 2-19 控制器侧面

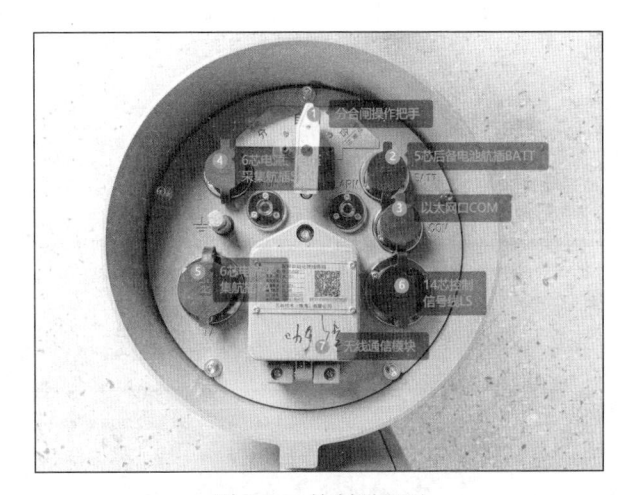

图 2-20 控制器正面

图 2-21 控制器面板

二、维护软件配置及连接

（1）无线模块配置示例如图 2-22 所示。

图 2-22　无线模块配置

（2）遥信点表按照标准模板依次配置，如图 2-23 所示。

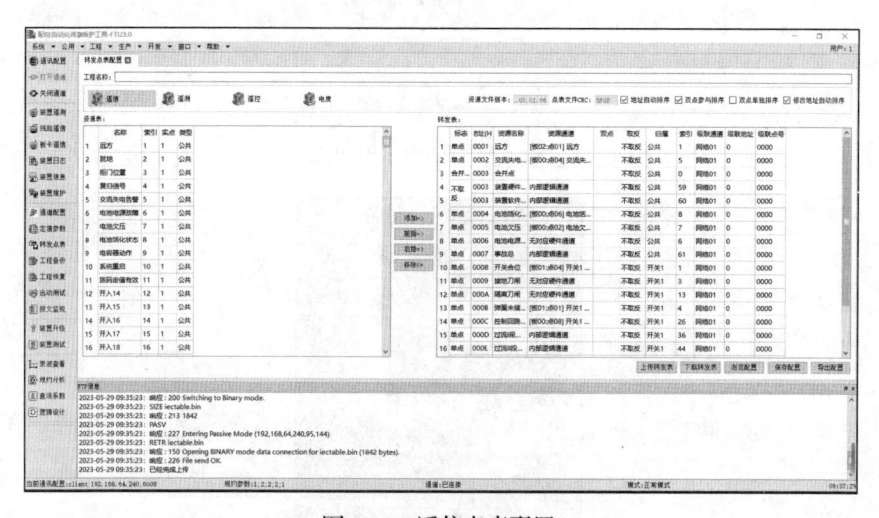

图 2-23　遥信点表配置

（3）遥测点表按照标准模板依次配置，如图 2-24 所示。

（4）遥控点表按照标准模板依次配置，如图 2-25 所示。

第二章 配电自动化调试   029

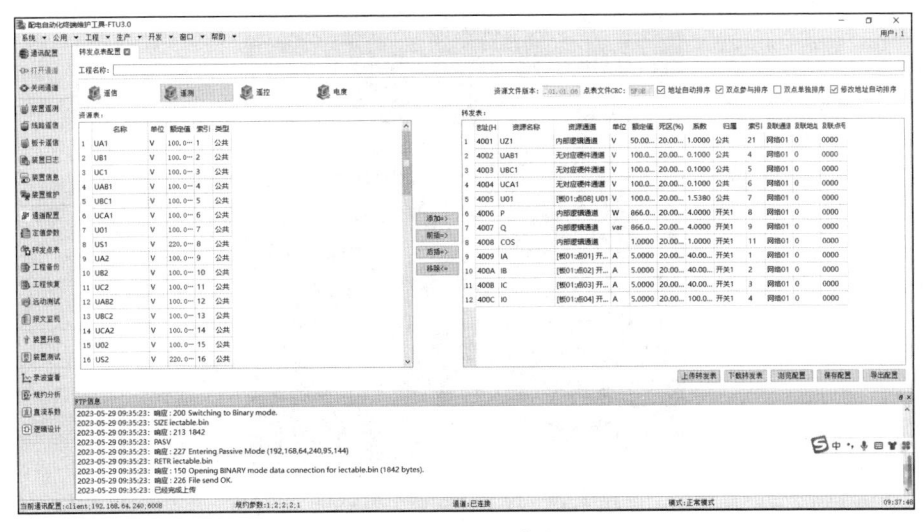

图 2-24 遥测点表配置

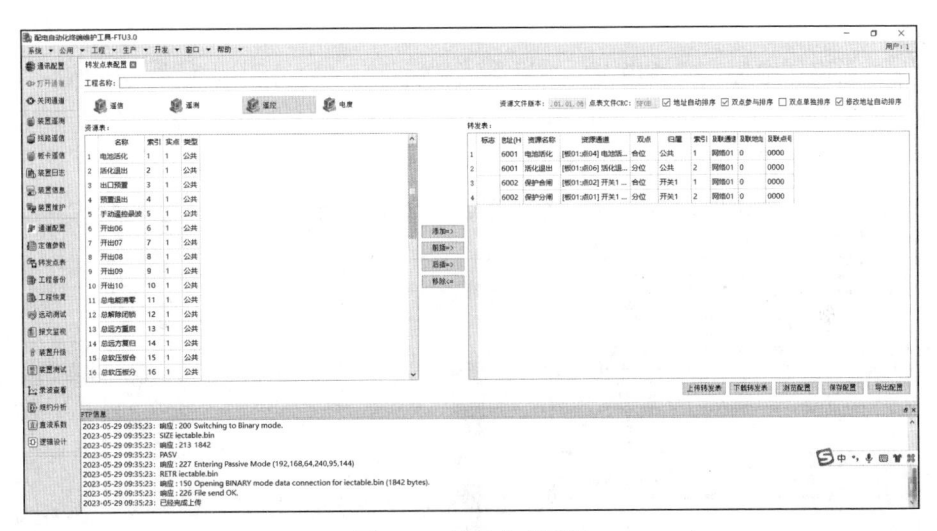

图 2-25 遥控点表配置

三、"三遥"调试

（一）试验前检查

试验前接线完毕后，检查装置通电后状态，如图 2-26 所示。

（二）"三遥"调试

打开调试软件，连接核心单元，把需要的参数下发到核心单元，开始调试。

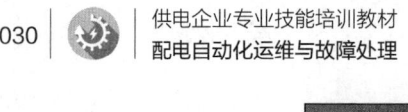

图 2-26 检查装置通电后状态

1. 遥信

合上操作电源、交流电源，当设备正常运行后，打开召测视图，选择遥信召测，对柱上开关合闸测试、分闸测试、远方/就地信号分别动作，查看软件里的遥信变位信息是否和现场的开关位置一致。

遥信召测、定值设置示例如图 2-27、图 2-28 所示。

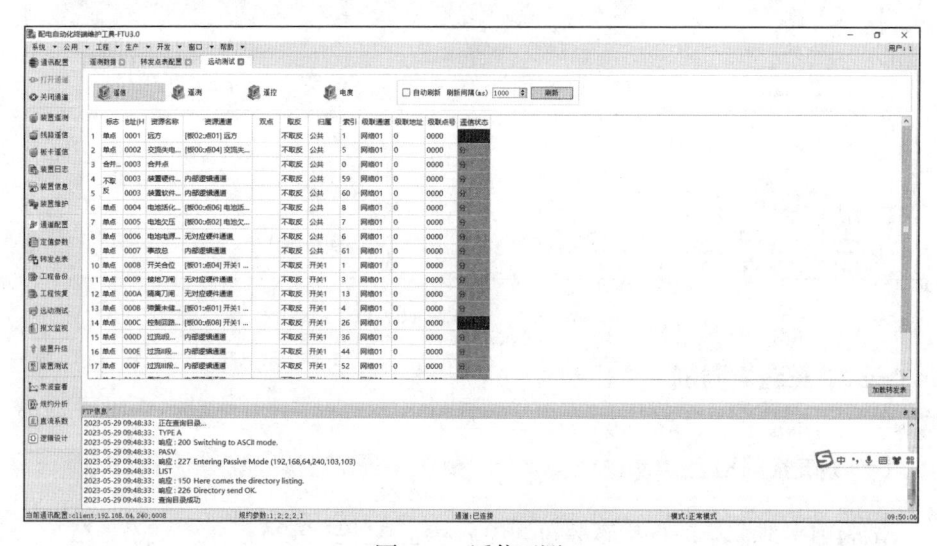

图 2-27 遥信召测

设置完定值，继电保护测试仪加量后，查看告警信号。检查保护、测控是否能够正确收到开入变位，变位时间是否正确。

图 2-28 定值设置

2. 遥控

确认"远方/就地"把手打到远方位置，合上压板，在控制视图里对柱上开关进行分、合闸遥控测试。同时也要对压板及"远方/就地"旋钮进行检查，在压板退出时遥控失败，在打到就地时遥控预置失败，则说明"远方/就地"旋钮接线正常。

遥控测试软件页面示例如图 2-29 所示。

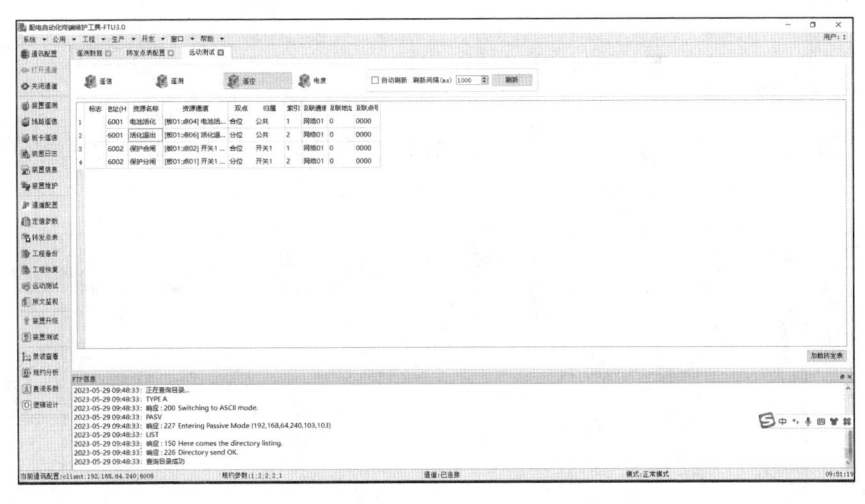

图 2-29 遥控测试软件页面

3. 遥测

用继电保护测试仪连接二次端子，加量后，用计算机读取终端遥测数据，核对数据上传点位是否正确，数据显示是否与继电保护测试仪、计算机一致。

遥测装置读取示例如图 2-30 所示。

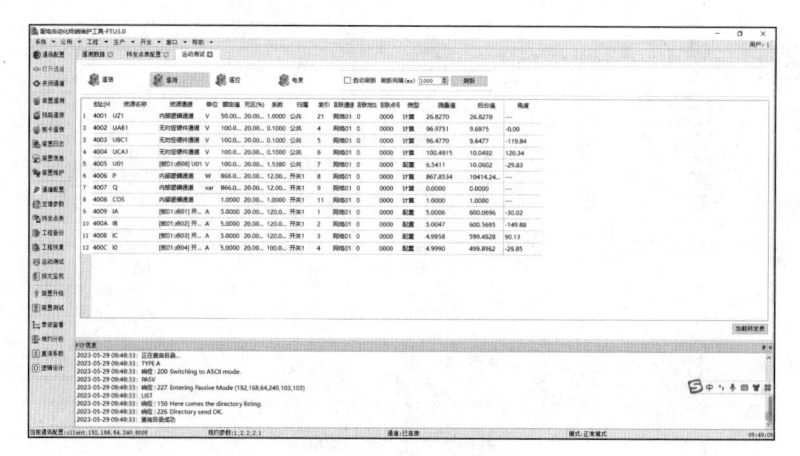

图 2-30　遥测装置读取

4. 公共遥信及电池活化

在调试完成"三遥"后，在控制视图里对电池进行活化控制，查看电池是否能正常活化启动、退出及遥信能否正常上报。

对交流失电、操作电源失电及装置电源失电进行测试，查看遥信信号是否正确主动上报。

5. 录波的调试

各厂牌页面可能有部分区别，以云谷科技终端配置为例，如图 2-31 所示，注意图中选中部分的参数需设置。

图 2-31　云谷科技终端

第四节 故障指示器调试

一、调试前检查

调试前设备检查包括光伏型故障指示器外观太阳能板是否损坏，内部电源模块、通信模块是否正常通电等，采集单元 ABC 三项是否齐全，如图 2-32、图 2-33 所示。

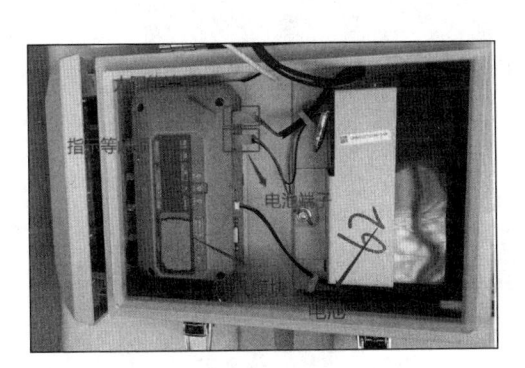

图 2-32　调试前设备检查示例一

图 2-33　调试前设备检查示例二

二、维护软件配置及连接

（1）配置软件主页如图 2-34 所示。

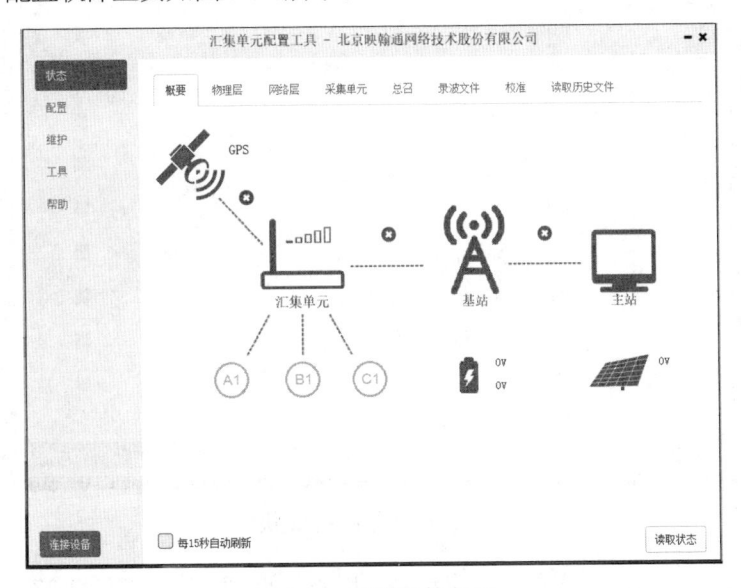

图 2-34　配置软件主页

（2）当设备插上 SIM 卡通电后，连接上计算机端进入页面，汇集应与基站连接成功，且 ABC 三相采集单元上线，如图 2-35 所示。

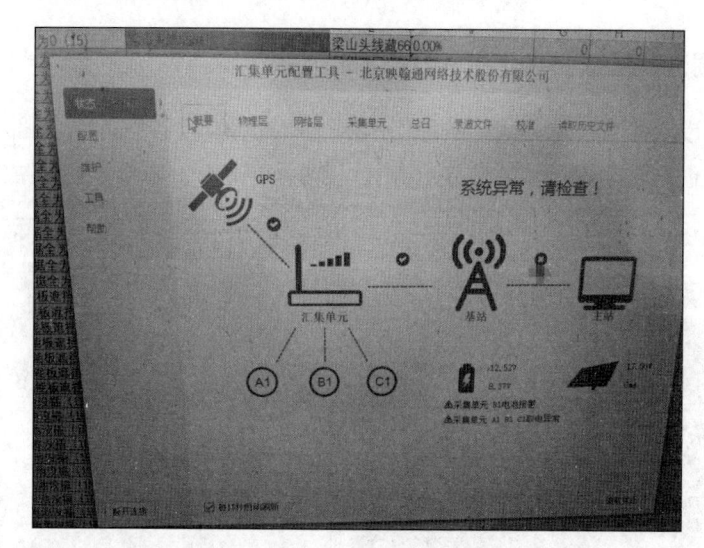

图 2-35　进入页面

（3）配置通信模块，导入配置，配置主站端口、IP 等，如图 2-36 所示。

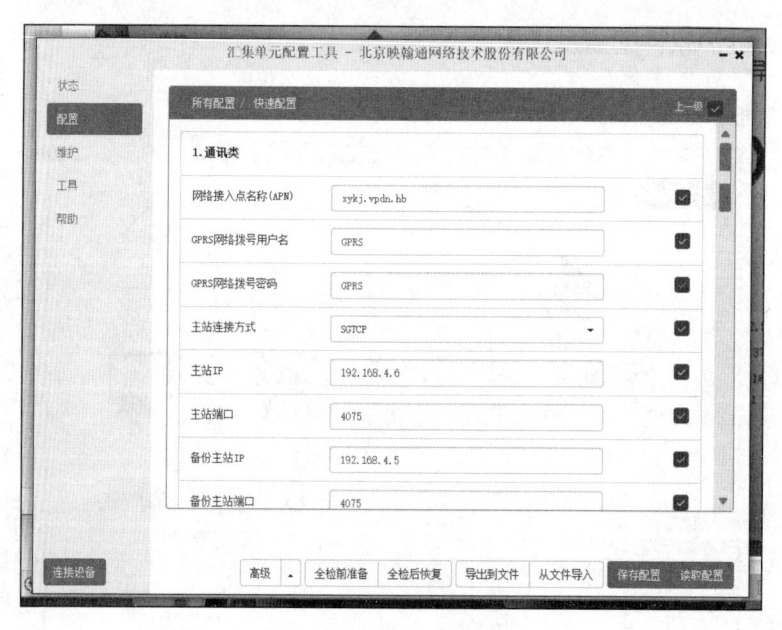

图 2-36　配置通信模块

（4）配置完成后导入配置对应点表，以主站点表为准，如图 2-37 所示。

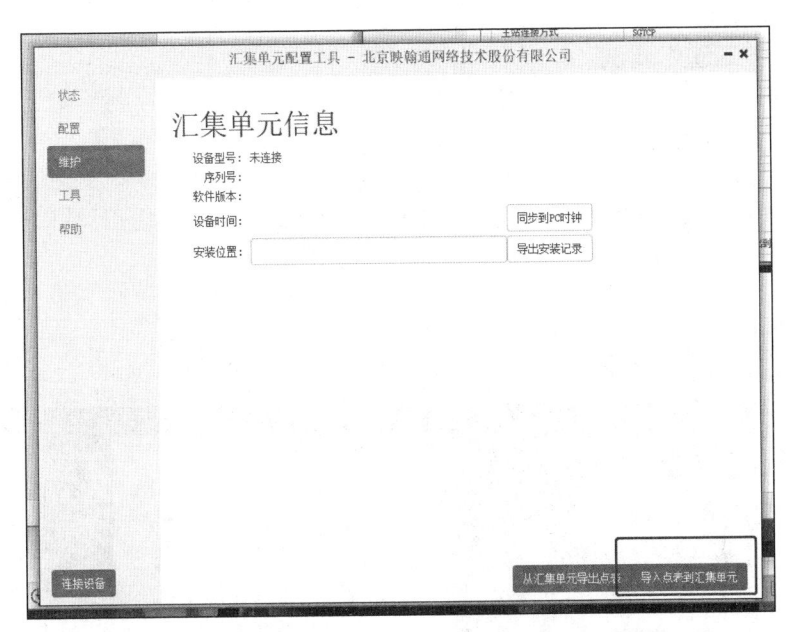

图 2-37　导入配置对应点表

（5）导入成功后单击"总召"按钮可查看导入点位，并和子站调度人员核对遥信遥测点位，如图 2-38 所示。

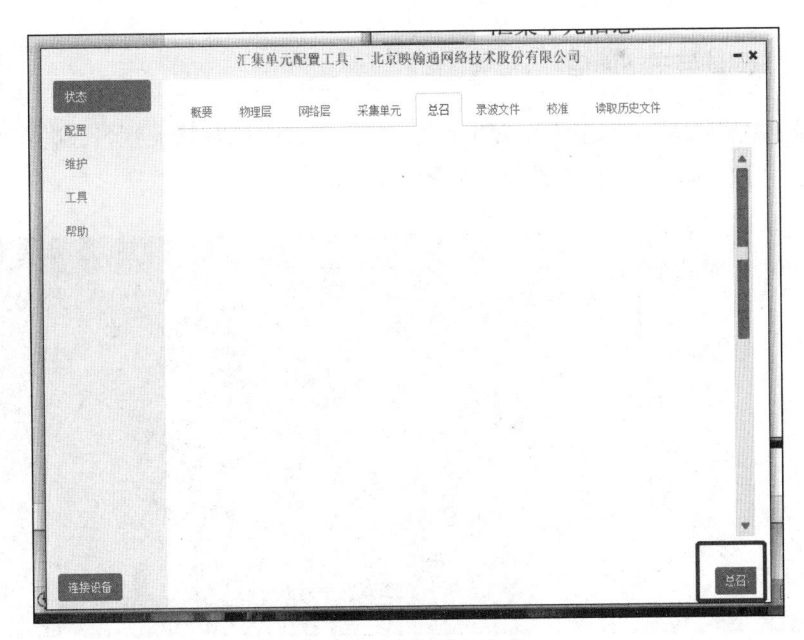

图 2-38　查看导入点位

三、"二遥"调试

(一)导入密钥

退出配置软件并插上密钥后进入配电终端证书管理工具,打开端口后导入正式证书,如图 2-39 所示。

图 2-39　导入正式证书

(二)测试与主站通信

当子站故障指示器通道已成功建立,且已导入中科院验证签名,进入配置软件主页,可看到与主站正常通信,如图 2-40 所示。

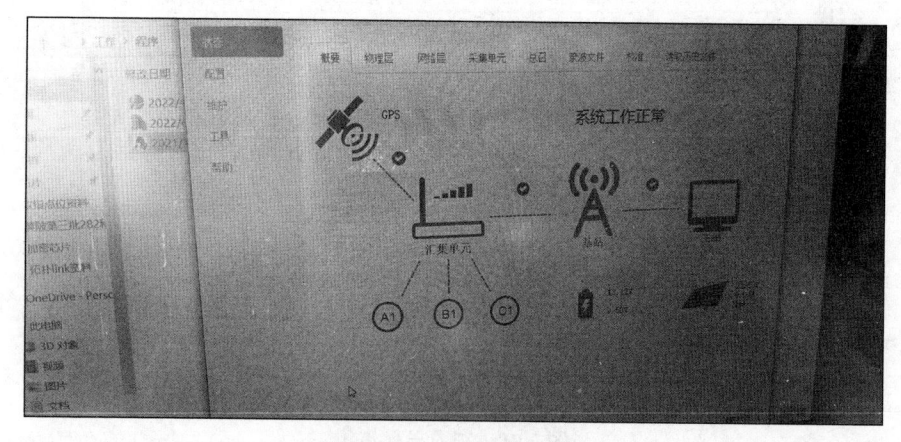

图 2-40　与主站正常通信

（三）遥信遥测测试

进入配置软件总召页面，单击发送点位，子站通道管理页面可看到遥信由分到合，遥测默认发送值为 18，如图 2-41 所示。

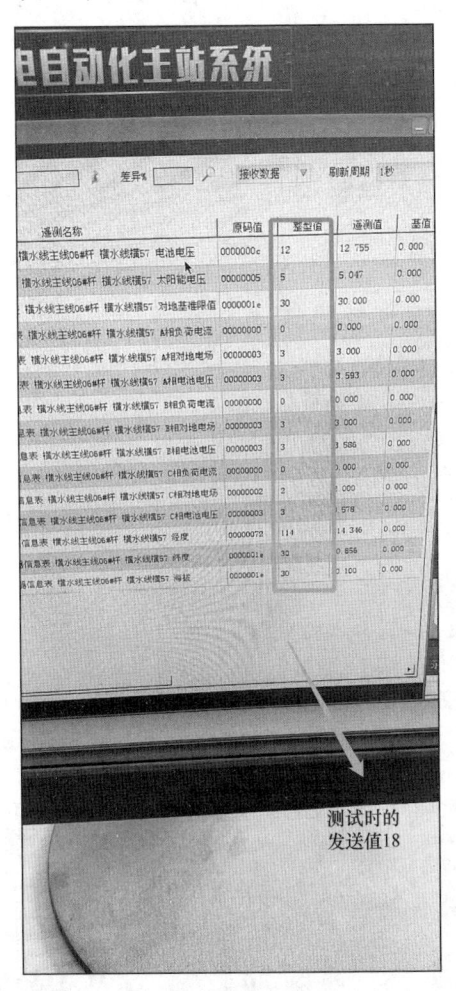

图 2-41　遥信遥测测试

第五节　TTU 装置调试

一、调试前检查

（1）对 TTU 的型号、编号、ID 号、SIM 卡的 IP 地址建立档案。

（2）对 TTU 使用的位置做好登记和相关的台账信息（例如：台区×××、配电室×××、箱式变压器×××）。

（3）勘查现场接入 TTU 的 TA 变比及变压器的容量。

（4）将收集或现场采集的 TTU 的测试证书发调度，转发中国电力科学研究院审核。

（5）准备正式 UK、笔记本电脑（网线）、继电保护测试仪、万用表、螺丝刀等工具。

二、维护软件配置及连接

（1）将勘查采集的变比、容量相关数据填入 TTU 参数设置。

（2）将正确的点表配置进 TTU（遥测、遥信、SOE 等）。

（3）按照后台的要求进行通信设置及规约设置。

（4）利用正式 UK 导入国网硬加密。

（5）与主站后台建立链接上线。

TTU 外观及 TTU 内部和 TTU 网卡槽分别如图 2-42、图 2-43 和图 2-44 所示。

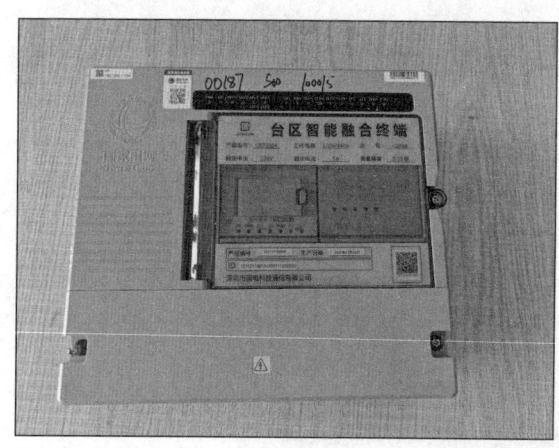

图 2-42 TTU 外观

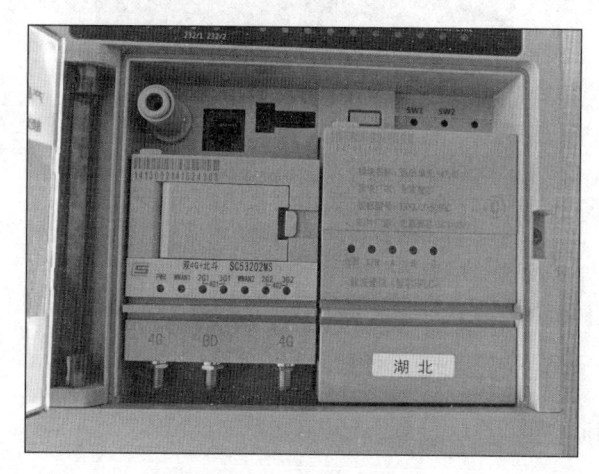

图 2-43 TTU 内部

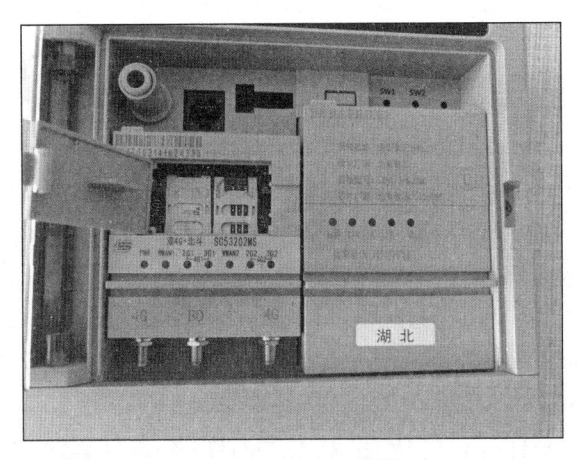

图 2-44　TTU 网卡槽

三、"二遥"调试

（一）遥测调试

在继电保护测试仪上设置电流的大小、相位，电压的大小、相位，根据点表的要求输入不同的值，核对后台的显示值与继电保护测试仪给出的量及 TTU 显示量是否对应。注意：继电保护测试仪电流输入二次值 5A、相位电压输入 220V。根据主站的要求改变继电保护测试仪输出电流电压的大小、相位，检查主站显示的遥测值是否对应，要求电流、电压遥测的精度为 0.5%，功率的精度为 1%。

（二）遥信试验

通过短接线模拟实际的开关分合信号，看主站是否有对应的变位。

（三）保护功能测试

通过继电保护测试仪给出的遥测值的不同，模拟变压器的异常或故障（电流不平衡、电压不平衡、过压、欠压、失压、断相、过载、重载等）。

例如：电流不平衡测试，继电保护测试仪输出电压保持三相平衡，保持电流的相位不变，改变三相电流的值输出给 TTU；联系主站是否报出电流不平衡的 SOE 且遥测值也与继电保护测试仪输出保持一致。过压测试，电流保持平衡且正常输出值电压超过额定电压 220kV 的 20%，此时 TTU 就会报过压故障。以此类推，根据 TTU 点表的定值要求及计算公式实现变压器的异常或故障的保护试验。

（1）有功功率：电压×电流×cos30°（电流相位—电压相位）。

（2）无功功率：电压×电流×sin30°（电流相位—电压相位）。

（3）配电变压器负载率：电压×电流×3（三相总有功）/额定容量。

（4）视在功率：电压×电流。

（5）功率因数：有功功率/视在功率。

（6）过载：额定容量×1.44/TA 变比（二次值）。

（7）重载：额定容量×1.44/TA 变比×80%。

第六节 配电自动化主站与配电自动化终端设备联调

一、配电自动化主站简介

配电自动化系统主站主要实现配电网数据采集与监控等基本功能和分析应用等扩展功能，为调度运行、生产运维及故障抢修指挥服务。配电自动化系统子站（简称配电子站），是配电主站与配电终端之间的中间层，实现所辖范围内的信息汇集、处理、通信监视等功能。

（一）整体要求

（1）应遵循标准性、可靠性、可用性、安全性、扩展性、先进性原则。

（2）应具备横跨生产控制大区与管理信息大区一体化支撑能力，满足配电网的运行监控与运行状态管控需求。

（3）应采用标准通用的软硬件平台，支持地、县一体化构架。

（4）基于信息交换总线，实现与多系统数据共享，具备对外交互图模数据、实时数据和历史数据的功能，支撑各层级数据纵、横向贯通以及分层应用。

（5）应符合国家电力监控系统安全防护相关规定，信息安全防护应遵循合规性、体系化和风险管理原则，符合安全分区、横向隔离、纵向认证的安全策略。

（二）系统架构

配电主站主要由计算机硬件、操作系统、支撑平台软件和配电网应用软件组成，如图 2-45 所示。其中，支撑平台包括系统信息交换总线和基础服务，配电网应用软件包括配电网运行监控与配电网运行状态管控两大类应用。

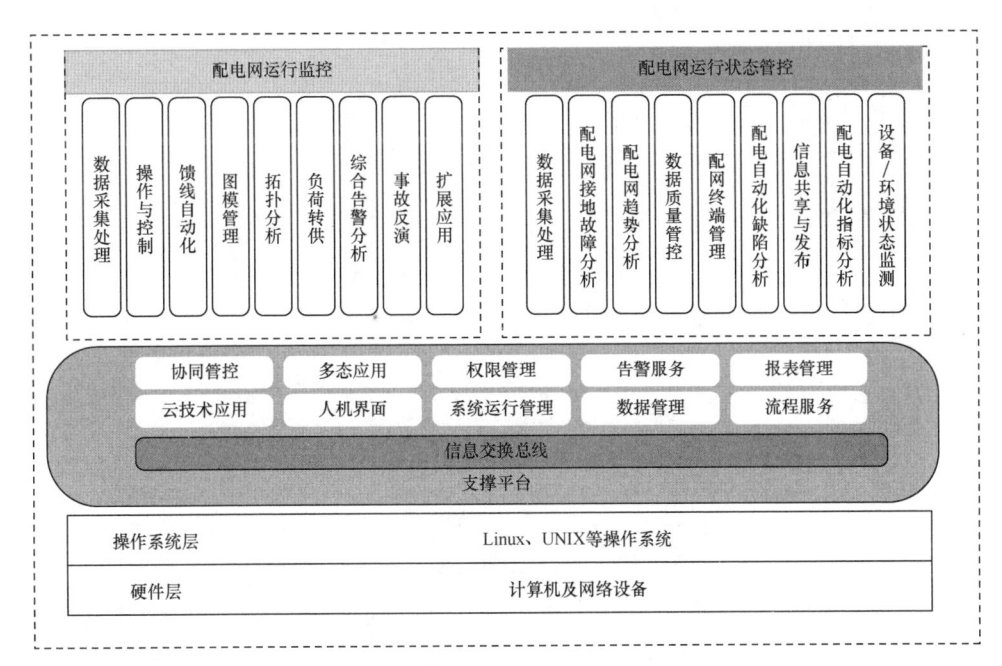

图 2-45 配电自动化系统主站功能组成结构

（三）基本功能介绍

1. 总控台

如图 2-46 所示，总控台满足日常工作中大部分工作所需，以下按顺序解释。

图 2-46 总控台

画面显示：打开图形浏览页面，线路单线图、装置通道工况、设备遥控、遥测数据观测等均在此功能下完成。

数据库：设备模型数据建立处，可查询厂站、馈线、终端、开关、通道、点表等数据。

公式定义：终端运行数据计算方式的责任定义。

告警查询：对终端已发生的事件进行查询的功能，如图 2-47 所示。

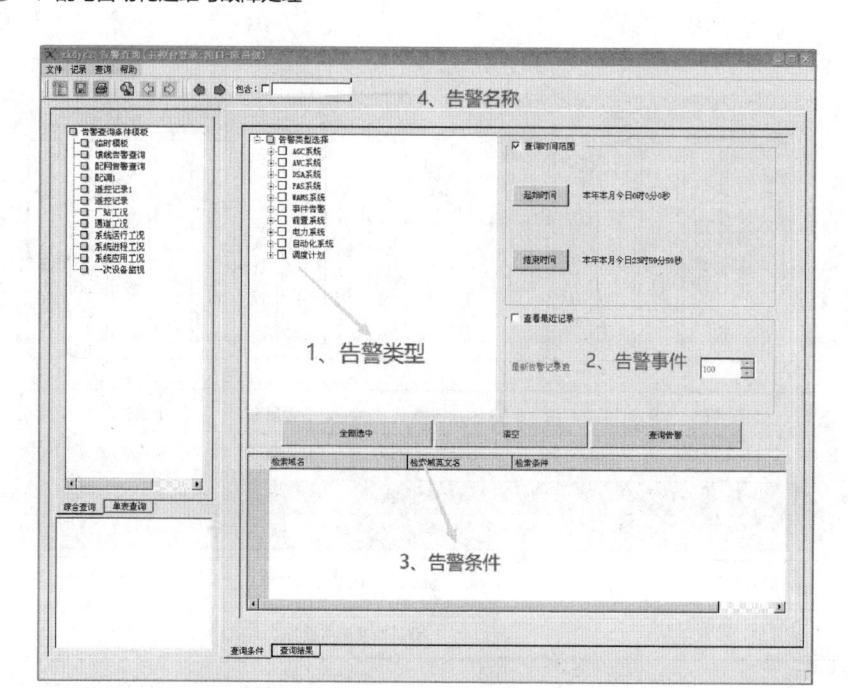

图 2-47 告警查询

（1）选择需查询的告警事件。

（2）修改查询的开始与停止事件。

（3）选择查询的条件，根据要查询的具体情况而定。

（4）选择查询的信息名称，输入名称后勾选，单击"查询"按钮即可。

系统管理：对于系统内的权限、采样定义、采样查询功能进行选择。

用户登录：用户登录按钮，输入已注册的用户名及密码即可登录。

修改密码：用户密码修改。

用户注销：注销当前用户。

责任区切换：切换当前所属责任区。

2. 图形操作界面

打开图形显示后弹出界面，如图 2-48 所示。

各区目录：单击各区名称后可跳转至各区厂站目录。

配电自动化概况各区详情：显示各区线路、自动化线路、馈线自动化线路、终端数、二三遥终端数、故障指示器数量概括。

运行指标各区详情：显示各区终端在线数、终端在线率、遥控使用率、遥控成功率概况。

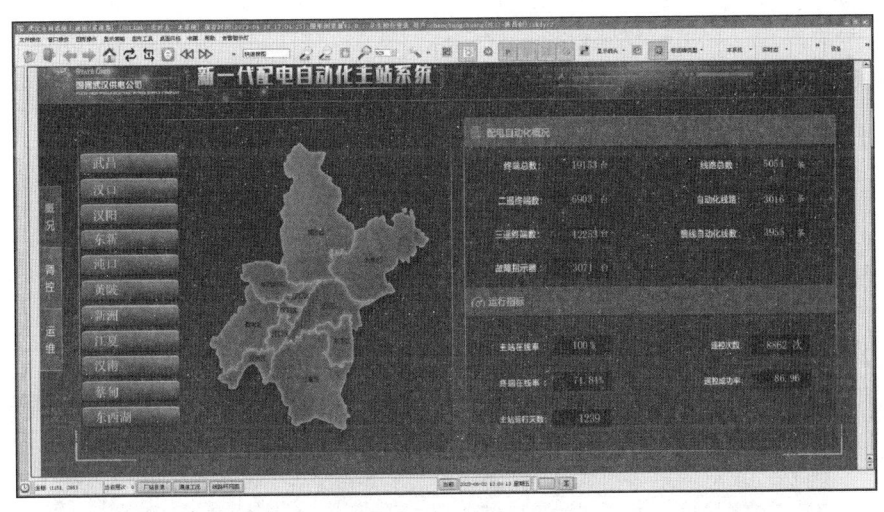

图 2-48 图形界面

厂站目录：显示武汉各区目录。
通道工况：已上线终端在线情况预览。
线路换网图：各区已投运 FA 线路环网图形预览。
调控：电网监视、调控操作、电网图形、统计查询、通道工况页面。
运维：终端接入、系统配置、图模维护页面。

3. 调控界面

（1）电网监视（见图 2-49）。

图 2-49 电网监视界面

节点监控：配电自动化设备监控，运行状态。
设备越限：配电网终端设备越限告警信息。
操作信息：配电网开关设备遥控记录。
挂牌信息：配电网开关设备挂牌记录。
拓扑信息：设备终端温度、湿度信息采集。
DA 运行方式：设备 FA 线路运行方式。
终端通信：设备终端通道工况信息展示。
（2）调控操作见图 2-50。

图 2-50　调控操作界面

负荷转供：设备是否允许转供，转供方式功能查询。
红黑图：红黑图功能。
FA 历史：已归档的 FA 动作记录。
FA 未归档记录：武汉未归档的 FA 动作记录。
综合智能告警：已发生故障设备告警，综合整理告警处理。
顺序控制：对批量开关按顺序遥控。
群体控制：对批量开关群体遥控。
模型校验：对线路条图拓扑校验功能核对。
（3）电网图形。各区线路条图展示区域如图 2-51 所示。
（4）统计查询。终端告警查询、FA 动作历史记录查询如图 2-52 所示。
（5）通道工况。各区已上线终端掉线情况展示区域如图 2-53 所示。

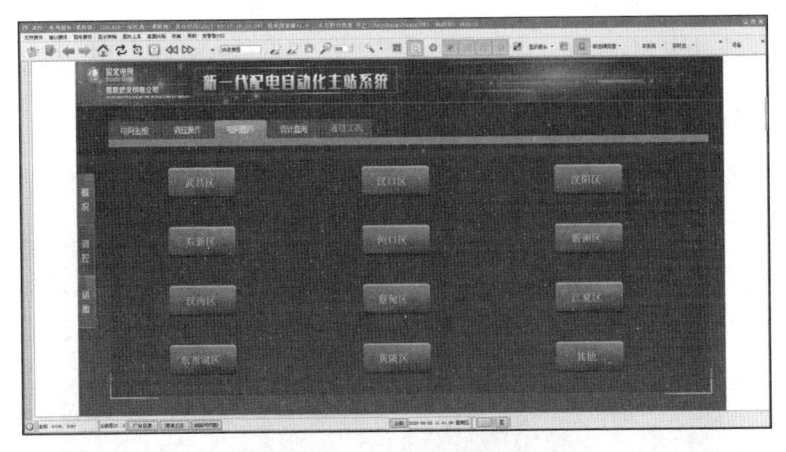

图 2-51　各区线路条图展示区域

图 2-52　终端告警查询、FA 动作历史记录查询

图 2-53　各区已上线终端掉线情况展示区域

4. 运维页面

(1) 终端接入 (见图 2-54)。

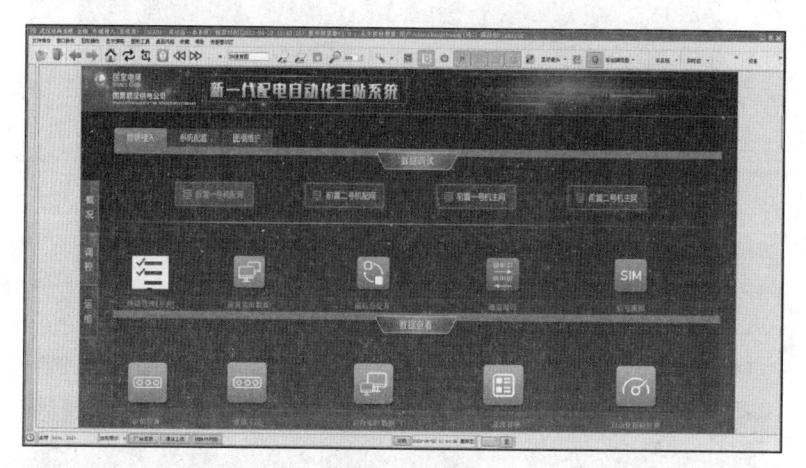

图 2-54　终端接入

终端管理 (点表): 点表新建、修改、删除界面。
前置实时数据: 打开终端实时数据页面。
前后台交互: 打开终端实时报文页面。
通道源码: 打开终端实时前置数据源码。
通道工况: 跳转至终端通道工况页面。
终端参数定制管理: 召唤终端定值功能。

(2) 图模维护 (见图 2-55)。

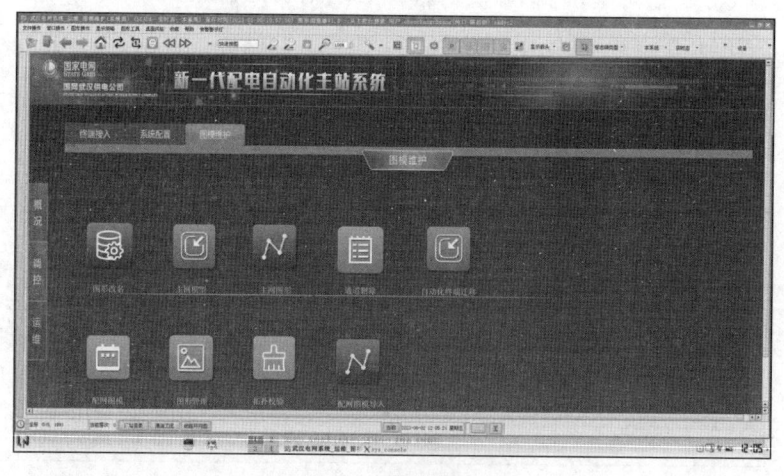

图 2-55　图模维护

图形改名：对已绘制图形发生错误时的名称进行修改。
主网模型：主网模型导入。
主网图形：主网图形导入。
通道删除：冗余通道批量删除。
自动化终端迁移：终端批量关联黑图。
配网图模：配电网红黑图导入。
图形管理：对已绘制图形发生错误时的图形进行修改。
拓扑校验：已绘制图形节点入库校验。

二、主站与终端联调流程及方法

（一）调试准备

（1）联调工作开始前，项目管理单位需提交联调资料给主站调试人员与终端调试人员，资料包括停电施工计划、设备变更单、线路单线图和设备定值单等。

（2）主站收到调试资料后，根据设备变更单绘制图模并生成点表，完成终端通道参数配置；终端调试人员收到联调资料后，需与主站调试人员沟通联调相关事宜，做好调试计划，确定调试时间，并将终端密钥导出发给主站；主站收到终端密钥后，发给中国电力科学研究院完成加密。

（3）主站收到中国电力科学研究院返回的密钥后，应告知终端调试人员，调试人员方可将正式密钥导入终端。导入方式为：将正式密钥插入计算机 USB 接口，打开配电终端证书管理工具，导入正式密钥文件。

（二）通信测试

现行的配电自动化终端的通信模式分为两种：光纤通信与无线通信。

（1）光纤通信测试：将计算机 IP 设置为对应终端分配的 IP，打开 cmd 程序，应能 ping 通主站 IP。

（2）无线通信测试：首先插入主站分配的物联网卡，连接无线模块软件读取无线网卡 IP，设置无线模块参数，完成设置后，设备应能 ping 通主站 IP。

第三章 配电自动化运维

第一节 配电自动化运维要求

一、配电自动化设备分类

配电自动化管理对象包括配电自动化主站系统、配电自动化终端设备、配电自动化通信系统等。

（1）配电自动化主站包括公司配电自动化主站、县公司配电自动化工作站及其附属设施。

（2）配电自动化终端设备包括馈线终端（FTU）、站所终端（DTU）、故障指示器、配变终端（TTTU）等智能化终端及其附属感知类设备。

（3）配电自动化通信设备包括光网络单元（Optical Network Unit，ONU）、光缆、尾纤、光纤配线架（Optical Distribution Frame，ODF）、无线通信模组、物联网卡、机房通信用 SDH 设备、光交接箱等通信类设备及其附属设施。

二、配电自动化运维分界

配电自动化功能的实现离不开配电自动化主站、配电自动化终端及配电网通信的支撑，根据配电自动化班、配电网二次运检班等不同组织架构，实现主站、终端及通信运维不同职责。

配电自动化主站系统的运维工作由供指中心负责，配电自动化终端设备的运维工作由属地运维单位负责，配电自动化通信系统的运维工作由信通分公司负责。

1. 信通运检班（配电自动化班）主要职责

负责配电自动化主（子）站设备、系统、网络和应用软件的巡视检查、故障处理、运行记录；负责供指中心调管范围内线路新投、异动时配电自动化主（子）站侧图模配置，完成系统图模和监控信息点表更新维护；负责供指中心调管范围内线路 FA 配置、主（子）站侧仿真测试及 FA 功能投退运行；负责配电自动化设备密钥发送及导入工作；基于变更后的图模与调试管理单位对接完成终端仓库联调工作，填写调试记录，生成调试报告后归档；配合开展配电终端、通信网络故障或缺陷处置；负责配合开展辖区内配电自动化通信系统建设工作，负责开展辖区内配电自动化通信光缆巡防及故障抢修工作，负责开展辖区内变电站配电自动化通信三层交换机及终端侧二层交换机的运行维护和故障处理工作，负责开展辖区内配电自动化通信接入侧网络优化和调整工作，负责审批配电自动化终端投运上线申请。

2. 配电网二次运检班主要职责

负责所辖范围内配电二次设备（主要包括继电保护装置、自动化控制装置以及各类检测类设备等）、配电自动化设备的巡视、维护、检修、处缺、事故抢修及其技术专项工作；负责配电终端设备运行维护，维护范围包含配电终端箱（柜）内为通信终端供电的微型断路器、电源引线、通信网线、环境监控设备等；负责指导并开展配电自动化终端调试、上线等配电自动化综合验收。

3. 配电主站与通信运维分界

（1）光纤通信方式：光纤终端以通信 SDH 或 OLT 设备引出网线分界，网线属于通信设备，其连接设备属于主站设备。

（2）无线通信方式：无线终端以运营商路由设备引出网线分界，网线属于通信设备，其连接设备属于主站设备。

（3）配电自动化工作站与通信运维分界：以通信 SDH 或 OLT 设备引出网线分界，网线属于配电工作站设备。

（4）配电自动化终端与通信运维分界：以 ONU 引出网线分界，网线属于配电终端设备。

三、配电自动化运维标准

（一）运行监控管理

（1）各配电自动化运维管理单位应利用配电自动化主站系统实现监控范围内配电网设备的集中监视。

（2）运行监控人员收到配电自动化系统异常告警信息时，经研判确认为配电网线路故障信息，立即告知配电网调控抢修值班人员，及时指挥故障处置；对非电网故障的异常信息、派发工单至运维班组，并对处理结果进行审核归档。

（3）运行监控人员发现数据质量异常（包括遥信、遥测、遥控等）、图模图实不符等问题，经校核后派发工单、督办治理，并对治理结果进行审核归档。

（4）运行监控人员每月对配电自动化系统运行指标进行统计、分析和发布。

（二）巡视管理

（1）巡视工作包括主站、终端和通信系统，是保证配电自动化系统安全运行的重要环节。

（2）配电自动化设备巡视周期等同于 10kV 设备巡视周期，严格按照配电网运行规程规定执行。

（3）巡视时不得触碰运行中的终端设备。巡视临近 10kV 运行设备时，设备的绝缘部分应视为带电部位，人体与 10kV 带电部位应大于配电安全规定里规定的最小安全距离。

（4）主站巡视管理。

1）配电主站运维人员定期对配电自动化主站、机房进行巡视，发现异常情况，应启动缺陷流程并按规定上报；

2）配电主站运维人员应配合开展配电终端、通信网络故障或缺陷处置；

3）配电主站运维人员应按期报送配电自动化主站运行报表。

（5）终端巡视管理。

1）配电终端运维人员应定期对配电终端进行巡视、检查、记录，发现异常情况，应启动缺陷流程并按规定上报；

2）配电终端运维人员应配合开展配电自动化主站、通信网络故障或缺陷处置；

3）配电终端运维人员应按期报送配电自动化终端运行报表。

（6）通信巡视管理。

1）配电通信运维人员应定期对配电通信设备进行巡视、检查、记录，发现异常情况，应启动缺陷流程并按规定上报；

2）配电通信运维人员应配合开展配电自动化主站、配电终端故障或缺陷处理；

3）配电通信运维人员应按期报送配电通信运行报表。

（7）当出现下列情况时，应按照要求开展特殊巡视。

1）当配电主站监测到终端设备出现故障时应及时开展故障巡视，并利用图像、视频等手段详细记录故障现场情况，查清故障原因；

2）新建、改建及扩建工程中新投入运行的配电终端，设备投运 24h 内应进行巡视；

3）原则上设备经过检修、改造或长期停运后重新投入运行，应进行巡视。

（三）缺陷管理

（1）配电自动化缺陷按照影响大小分为危急缺陷、严重缺陷、一般缺陷三个等级。

（2）危急缺陷是指威胁人身或设备安全，严重影响设备运行、使用寿命及可能造成自动化系统失效，危及电力系统安全、稳定和经济运行的缺陷。危急缺陷必须在 24h 内消除，主要包括

1）配电主站系统故障停用或主要监控功能失效；

2）核心层或骨干层通信网络故障，引起大面积配电自动化终端通信中断；

3）配电自动化终端发生误动或者遥控错误。

（3）严重缺陷是指对设备功能、使用寿命及系统正常运行有一定影响或可能发展成为危急缺陷，但允许其带缺陷继续运行或动态跟踪一段时间的缺陷。严重缺陷必须在 7 个工作日内消除，主要包括

1）配电主站重要功能失效或异常；

2）配电自动化开关遥控失败；

3）配电自动化终端离线。

（4）一般缺陷是指对人身和设备无威胁，对设备功能及系统稳定运行没有立即、明显的影响，且不至于发展为严重缺陷的缺陷。一般缺陷必须在 30 个工作日内消除，主要包括

1）配电自动化终端遥信误发、频发、漏发；

2）配电自动化终端遥测值异常；

3）其他一般缺陷。

（5）配电自动化运维单位应做好缺陷闭环管理。

1）运维单位发现配电自动化设备存在异常或故障现象，应立即报送至供电服务指挥中心（分中心）运行监控人员，由运行监控人员发起缺陷协同处理流程；

2）缺陷协同处理流程应标明缺陷设备信息、缺陷等级、缺陷类型、缺陷内容；

3）缺陷协同处理流程发起后，运维单位应制定处理方案，并严密监视设备状态，必要时采取有效的安全隔离措施；

4）缺陷处理完毕，经运维单位与供指中心确认后，方可终结缺陷管理流程。

（6）终端日常运行工作中发现的缺陷应及时上报并填写配电自动化终端巡视记录卡。

（四）网络安防管理

（1）严格遵守《中华人民共和国网络安全法》《电力监控系统安全防护规定》（国家发展和改革委员会〔2014〕14号令）、《电力监控系统安全防护总体方案》（国家能源局安全〔2015〕36号文）和《国网运维检修部关于做好"十三五"配电自动化建设应用工作的通知》（运检三〔2017〕6号）的要求和技术标准，开展配电自动化系统网络与信息安全防护建设。

（2）各配电自动化运维单位的配电自动化系统纳入公司电力监控系统安全防护体系，参照"安全分区、网络专用、横向隔离、纵向认证"的原则部署，与其他系统交互应满足横向隔离要求，地/县主站、主站/终端等纵向通信采用基于非对称密钥的双向认证和基于对称密钥的数据加密技术，满足认证、加密要求。

（3）供指中心应做好主站与终端端口管理、密码管理、内嵌安全芯片等措施，完善配电自动化系统边界安全防护。

（4）远程维护必须满足电力二次系统安全防护的要求，获专业管理部门和运维单位批准后方可开展，同时做好防护措施和记录。

（5）主站系统运维单位严格执行权限管理规定，按照"最小化"和"权限分离"原则配置人员、设备、程序权限。

（五）技术资料管理

（1）已运行配电自动化系统应具备下列技术资料：

1）配电终端入网检测报告；

2）现场安装接线图、原理图和现场调试、测试记录；

3）交接验收资料；

4）各类设备运行记录（如运行日志、巡视记录、现场检测记录、系统备份记录等）；

5）设备故障和处理记录（如设备缺陷记录）；

6）软件资料（如程序框图、文本及说明书、软件介质及软件维护记录簿等）。

（2）配电自动化系统相关设备因维修改造等发生变动，运维单位必须及时更新相关资料，并归档保存。

（3）配电自动化运维单位应建立技术资料目录及借阅制度，保证相关资料准确、齐全。

第二节　配电自动化主站运维

一、主站巡视要求

（1）办公场所巡视：观察配电自动化交换机各网口状态，运行是否正常；观察各工作站状态，是否能执行相应指令，如图 3-1 所示。

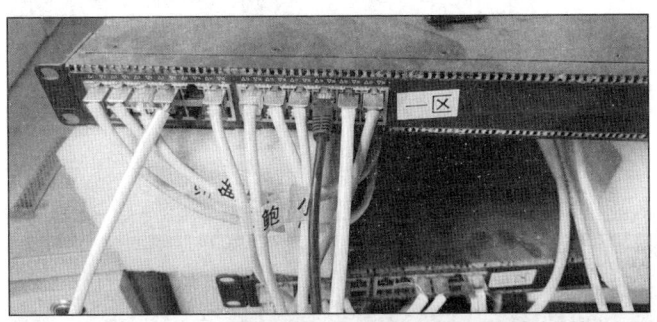

图 3-1　交换机网口和工作站状态

（2）机房硬件巡视：观察配电自动化所属工作站、服务器、交换机故障指示灯状态；观察配电自动化所属工作站、服务器、交换机各运行网口状态。

主配电网正反向隔离装置，观察网口状态，如图 3-2 所示。

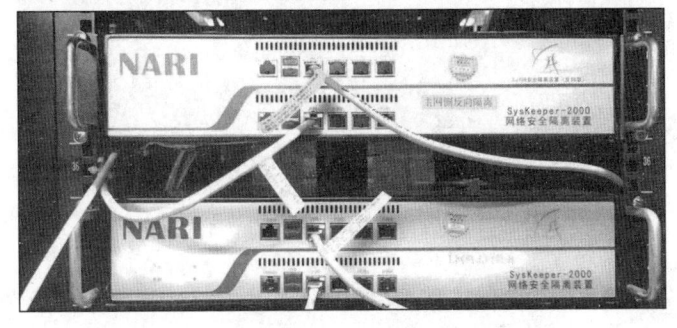

图 3-2　主配电网正反向隔离装置网口状态

终端接入交换机，观察网口状态，如图 3-3 所示。

图 3-3　终端接入交换机网口状态

配电安全认证网关，观察网口状态，如图 3-4 所示。

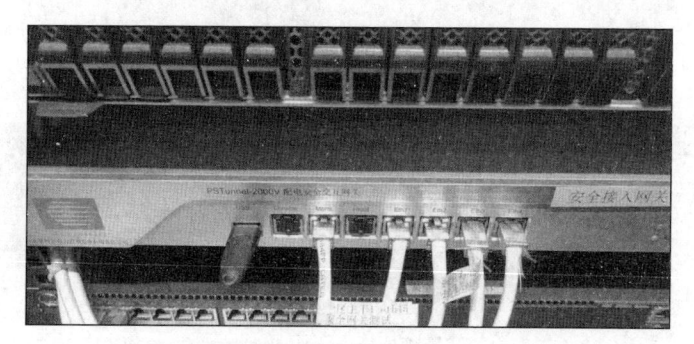

图 3-4　配电安全认证网关网口状态

一、三区和安全接入区正反向隔离装置，观察网口状态，如图 3-5 所示。

图 3-5　一、三区和安全接入区网口状态

应用服务器正面，观察左侧故障指示灯状态，如图 3-6 所示。
应用服务器背面，观察网口状态，如图 3-7 所示。

图 3-6　应用服务器正面网口状态

图 3-7　应用服务器背面网口状态

二、主站运行监控要求

1. 主站系统巡视内容

（1）服务器运行状态巡视：打开工作站图形浏览界面（见图 3-8），单击"调控"→"电网监视"，查看"节点网络状态"和"节点硬盘使用情况"。

图 3-8　工作站图形浏览界面

（2）应用运行状态监视：打开工作站开启终端窗口，输入 ss 指令，按 Enter 键。查看本工作站系统启动状态及系统各应用运行状态（见图 3-9）。当前系统的关键应用分配表见表 3-1。

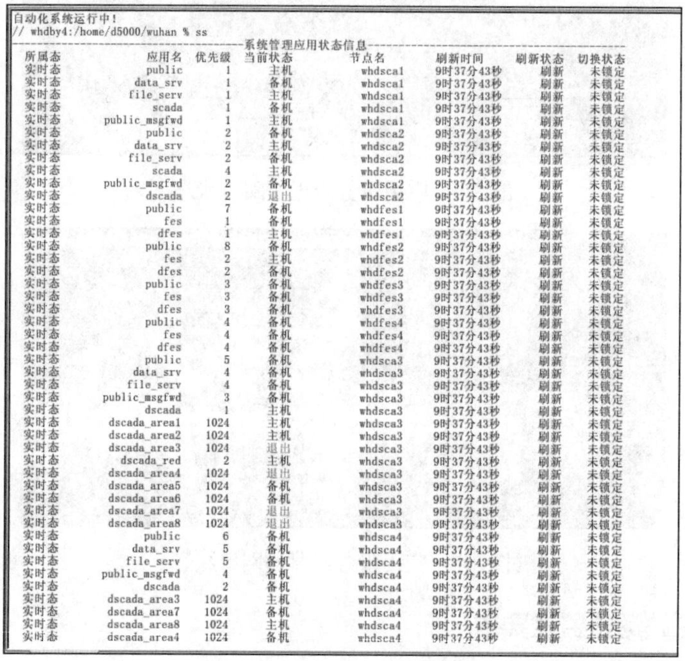

自动化系统运行中！
// whdby4:/home/d5000/wuhan % ss
--------------------系统管理应用状态信息--------------------

所属态	应用名	优先级	当前状态	节点名	刷新时间	刷新状态	切换状态
实时态	public	1	主机	whdsca1	9时37分43秒	刷新	未锁定
实时态	data_srv	1	备机	whdsca1	9时37分43秒	刷新	未锁定
实时态	file_serv	1	主机	whdsca1	9时37分43秒	刷新	未锁定
实时态	scada	1	备机	whdsca1	9时37分43秒	刷新	未锁定
实时态	public_msgfwd	1	主机	whdsca1	9时37分43秒	刷新	未锁定
实时态	public	2	备机	whdsca2	9时37分43秒	刷新	未锁定
实时态	data_srv	2	主机	whdsca2	9时37分43秒	刷新	未锁定
实时态	file_serv	2	备机	whdsca2	9时37分43秒	刷新	未锁定
实时态	scada	4	主机	whdsca2	9时37分43秒	刷新	未锁定
实时态	public_msgfwd	2	备机	whdsca2	9时37分43秒	刷新	未锁定
实时态	dscada	2	退出	whdsca2	9时37分43秒	刷新	未锁定
实时态	public	7	备机	whdfes1	9时37分43秒	刷新	未锁定
实时态	fes	1	备机	whdfes1	9时37分43秒	刷新	未锁定
实时态	dfes	1	主机	whdfes1	9时37分43秒	刷新	未锁定
实时态	public	8	备机	whdfes2	9时37分43秒	刷新	未锁定
实时态	fes	2	主机	whdfes2	9时37分43秒	刷新	未锁定
实时态	dfes	2	备机	whdfes2	9时37分43秒	刷新	未锁定
实时态	public	3	备机	whdfes3	9时37分43秒	刷新	未锁定
实时态	fes	3	备机	whdfes3	9时37分43秒	刷新	未锁定
实时态	dfes	3	备机	whdfes3	9时37分43秒	刷新	未锁定
实时态	public	4	备机	whdfes4	9时37分43秒	刷新	未锁定
实时态	fes	4	备机	whdfes4	9时37分43秒	刷新	未锁定
实时态	dfes	4	备机	whdfes4	9时37分43秒	刷新	未锁定
实时态	public	5	备机	whdsca3	9时37分43秒	刷新	未锁定
实时态	data_srv	4	备机	whdsca3	9时37分43秒	刷新	未锁定
实时态	file_serv	4	备机	whdsca3	9时37分43秒	刷新	未锁定
实时态	public_msgfwd	3	备机	whdsca3	9时37分43秒	刷新	未锁定
实时态	dscada	1	主机	whdsca3	9时37分43秒	刷新	未锁定
实时态	dscada_area1	1024	主机	whdsca3	9时37分43秒	刷新	未锁定
实时态	dscada_area2	1024	主机	whdsca3	9时37分43秒	刷新	未锁定
实时态	dscada_area3	1024	退出	whdsca3	9时37分43秒	刷新	未锁定
实时态	dscada_red	2	主机	whdsca3	9时37分43秒	刷新	未锁定
实时态	dscada_area4	1024	退出	whdsca3	9时37分43秒	刷新	未锁定
实时态	dscada_area5	1024	备机	whdsca3	9时37分43秒	刷新	未锁定
实时态	dscada_area6	1024	备机	whdsca3	9时37分43秒	刷新	未锁定
实时态	dscada_area7	1024	退出	whdsca3	9时37分43秒	刷新	未锁定
实时态	dscada_area8	1024	退出	whdsca3	9时37分43秒	刷新	未锁定
实时态	public	6	备机	whdsca4	9时37分43秒	刷新	未锁定
实时态	data_srv	5	备机	whdsca4	9时37分43秒	刷新	未锁定
实时态	file_serv	5	备机	whdsca4	9时37分43秒	刷新	未锁定
实时态	public_msgfwd	4	备机	whdsca4	9时37分43秒	刷新	未锁定
实时态	dscada	2	备机	whdsca4	9时37分43秒	刷新	未锁定
实时态	dscada_area3	1024	主机	whdsca4	9时37分43秒	刷新	未锁定
实时态	dscada_area7	1024	备机	whdsca4	9时37分43秒	刷新	未锁定
实时态	dscada_area8	1024	主机	whdsca4	9时37分43秒	刷新	未锁定
实时态	dscada_area4	1024	备机	whdsca4	9时37分43秒	刷新	未锁定

图 3-9　查看本工作站系统

表 3-1　　当前系统的关键应用分配表

服务器/应用	Scada	Public	DaCT_srv	File_serv	fes	dscada	dfes
Whdsca1	备机	主机	备机	主机	不启动	不启动	不启动
Whdsca2	主机	备机	主机	备机	不启动	不启动	不启动
Whdsca3	不启动	备机	备机	备机	不启动	主机	不启动
Whdsca4	不启动	备机	备机	备机	不启动	备机	不启动
Whdsca5	不启动	备机	备机	备机	不启动	备机	不启动
Whdsca6	不启动	备机	备机	备机	不启动	备机	不启动
Whdfes1	不启动	备机	备机	不启动	备机	不启动	主机
Whdfes2	不启动	备机	备机	不启动	主机	不启动	备机
Whdfes3	不启动	备机	备机	不启动	备机	不启动	备机
Whdfes4	不启动	备机	备机	不启动	备机	不启动	备机

2. 终端巡视内容

四区主站 Web 系统，观察终端管理处各市、区、县终端在线情况，如图 3-10 所示。

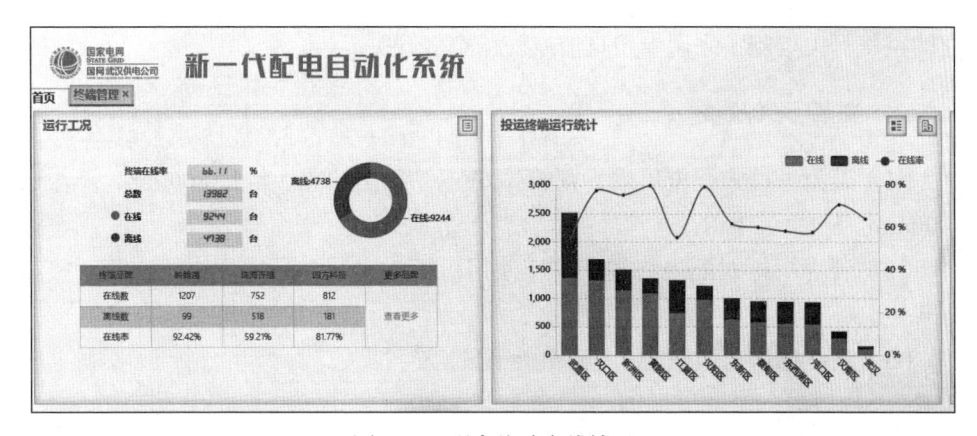

图 3-10 观察终端在线情况

三、主站技术资料管理

主站技术资料内容应包含纸质终端调试记录、异动图纸、操作票、主站巡检记录等内容，按年、月，分类妥善保管。

第三节 配电自动化终端运维

一、终端验收要求

（一）终端安装验收

1. 安装位置检查

（1）应检查配电终端箱体安装位置，应与施工设计图纸一致，安装应牢固可靠，可方便扩展，箱体排列与其他屏柜排列整齐划一。

（2）箱体应安装在干净、明亮的环境下，便于拆装、维护，且终端安装位置不应影响其他设备的正常运行。

2. 箱体检查

（1）箱体密封良好，箱体应有足够的支撑强度，箱门开关顺畅不卡涩；箱体无明显的凹凸痕、划伤、裂缝、毛刺等，喷涂层不应脱落。

（2）箱体内的设备电源应相互独立；装置电源、通信电源、后备电源应由独立的空气开关控制；采用专用直流或交流空气开关。

3. 安装方式检查

（1）若为壁挂式配电终端，则箱体安装高度应离地面大于 800mm，不小于 1000mm。

（2）若为机柜式配电终端，则应使用机柜式安装，采用下进线，正面接线方式。

（3）当终端需要级联时，应采用专门的航空插头。

4. 外壳标识检查

（1）二次电缆应分别在配电终端侧和开关侧都挂有线路标识牌和二次接线套管标识，线路标识牌应包含线路编号、起点、终点以及线路型号；二次接线套管标识应包含相应的信号名称，套管的粗细、长短应一致且字迹清晰。

（2）应采用黄底黑字的不干胶标签纸对箱体进行标识，标识应包含：终端安装地址、终端 ID、终端 IP，当采用无线公网通信方式时，还应包括 SIM 卡序列号；站所终端标签纸应张贴于箱门外侧明显位置，馈线终端标签纸应张贴于箱内侧明显位置。

（3）应在终端操作面板每一回路的电动分合闸操作按钮下方，采用黄底黑字的标签纸对所接入的开关回路进行标识，可遥控的开关应注明"可遥控"，不可遥控开关应注明"不可遥控"，并应标明对应回路的相电流互感器和零序电流互感器变比及精度。

（4）馈线终端底部应有明显的信号指示灯，包括并不限于运行灯、故障告警灯、交流失电等，底部航空插头应标识清楚。

5. 接线检查

（1）二次电缆敷设检查。

1）站所终端 DTU。

a. 应根据图纸核对二次电缆接线是否正确并完善二次接线套管，电缆标识应清晰。电缆标识牌应包含电缆编号、起点、终点以及电缆型号，二次接线套管标识应包含相应的信号名称。

b. 二次电缆不宜从开关柜电缆室、机构室穿过，在不影响开关柜并柜的情况下，宜采用槽架敷设的方式，即所有开关柜二次电缆统一从二次小室顶部引出，沿着二次小室顶部的电缆槽架水平敷设，再从不具备并柜条件的开关柜侧面沿着电缆槽架垂直敷设至电缆沟，经电缆沟敷设至站所终端。

c. 二次电缆应采用铠装屏蔽电缆，终端箱体接地应使用 6mm² 多股接地线，电缆屏蔽层接地线应使用不小于 4mm² 黄绿多股软线，电缆屏蔽层接地线应与配电自动化站所终端接地铜排可靠连接，严禁采用电缆芯两端接地的方法作为抗干扰措施。

d. 遥测、遥信和遥控电缆在电缆沟用万能角铁固定在电缆沟壁，电缆平直敷设，不能交叉，也不能余留过长电缆在电缆沟内。

2）馈线终端 FTU。

a. 应根据图纸核对二次电缆接线，电缆标识应清晰。

b. 连接开关和馈线终端的控制电缆应沿着横担、杆塔敷设，并牢固固定，冗余的二次线缆应在馈线终端处顺线盘留、固定在箱体下方。

（2）二次回路接线检查。

1）电流回路应采用标准电流试验端子，导线截面积不小于 2.5mm²，确认电流互感器回路端子没有开路、接线正确；馈线终端电流航空插头应采用标准防开路航空插头，航空插线头缆应采用焊接方式，终端内部电流回路采用标准电流试验端子，导线截面积不小于 2.5mm²。

2）电压回路导线截面积应不小于 1.5mm²，确认电压互感器回路端子没有短路，接线正确；电压回路应采用带保险管接线端子或者专用电压采集空气断路器。

3）遥信、遥控应采用独立二次电缆，遥信回路、遥控回路导线截面积应不小于 1.5mm²。

4）现场二次实际接线应与设计图纸相符，端子排应根据功能分段排列，并应预留足够备用端子，直流电源的正负极不应布置在相邻的端子上。二次接线应排列整齐，避免交叉，固定牢固；二次回路接线应与一次回路接线保持足够的安全距离，电缆排列应整齐、有序，电缆挂牌齐备。

5）控制电缆不应采用多股软线电缆，接线应规范、美观，不同截面积的电缆芯不允许接入同一端子，同一端子接线不宜超过两根；多余备用二次线应用绝缘胶布包好。

6. 附属通信设备检查

（1）通信线宜注意走线美观，应用扎带捆好。

（2）当采用无线通信方式且无线模块在柜内时，天线应引出至箱外。

（3）当采用光纤通信方式，应注意光信号指示灯是否正常闪烁。

7. 接地检查

（1）站所终端 DTU。

1）具有独立的不锈钢接地端子，接地端子的直径不应小于 6mm，并与外壳可靠连接。从保护接地端子到房内的接地网，应采用截面积不小于 6mm² 的多股接地线，保护接地端子与房内的接地网一点连接。

2）电缆屏蔽层在开关柜与终端处应同时接地，严禁采用电缆芯两端接地的方法作为抗干扰措施。

3）电缆屏蔽层接地线应使用不小于 4mm² 的黄绿多股软线，接地线应反向固定，并对软线与线耳接驳处用锡焊接，电缆屏蔽层接地线应与配电终端接地铜排可靠连接。

（2）馈线终端 FTU。

1）终端内部端子接地线横截面积不小于 6mm²，并与终端箱体独立的不锈钢接地端子可靠连接。

2）终端箱体接地线横截面积应不小于 4mm²，并与杆塔接地端连接良好、可靠。

8. 交流电源检查

（1）交流电源接取检查。

1）站所终端 DTU。

a. 低压电源箱应独立设置。

b. 当开关站电源采用公用变压器供电时，应尽可能在电源点不同的两个低压配电柜交叉取电，为配电终端供电。

c. 当开关站电源采用电压互感器柜或站用变压器供电时，应采用截面积不小于 2.5mm² 的电缆为配电终端供电。

d. 敷设线槽应使用截面积不小于 2.5mm² 的电源线，应用阻燃塑料波纹管保护。

2）馈线终端 FTU。

a. 电源应取自电压互感器二次侧，通过航空插头接入馈线终端，双电源供电时所取电压互感器电源应来自电源侧和线路侧两个不同的电压互感器。

b. 当馈线终端为罩式并采用电池作为后备电源的，应单独配置电池箱并通过航空插头与馈线终端相连。

（2）电源线接线检查。

1）站所终端 DTU。

a. 低压电源线应采用截面积不小于 2.5mm² 的单股线。

b. 从低压配电柜至站所配电终端的电源线应沿线槽敷设，线槽末端连接处应用阻燃塑料波纹管保护。

2）馈线终端 FTU。航空插头线缆应采用焊接式。

（二）终端投运验收

配电自动化终端完成安装调试后，验收单位对终端开展投运前验收检查和测试，检验终端安装和调试、技术规范要求，投运条件满足情况等。

按相关安全规定办理工作许可手续后，应做好调试验收前的准备工作。

1. 防护措施

安装调试和投运前应开展安全防护措施，主要内容如下。

（1）试验前，将独立试验电源、配电终端测试仪、大电流发生器等相关仪器外壳接地，并确保其接触良好。

（2）使用配电终端测试仪、大电流发生器输出电流时，人体与电流输出回路保持 1.5m 以上的安全距离，严禁直接触碰。

（3）调试遥测功能前，应先检查电流互感器二次回路是否有松脱现象，应确保将螺栓拧紧、接线牢靠。

（4）调试遥控功能前，应确保主站图模正确。

2. 准备工作

安装调试和投运前验收前应开展工作，主要内容如下。

（1）应了解配电终端的接线情况及运行方案：检查并收集终端的接线原理图、二次回路安装图、电缆敷设图、电缆编号图、电流互感器端子箱图、终端技术说明书、电流互感器的出厂试验报告等。资料应齐全、完整；根据设计图纸，应现场核对配电终端的安装和接线正确性。

（2）检查核对电流互感器变比值，应与现场实际情况符合。

（3）应提供安全可靠的独立试验电源，禁止从运行设备上接取试验电源。

（4）配电终端和通信设备室内的所有金属结构及设备外壳均应连接等电位，配电终端和终端屏柜下部接地铜排应可靠接地。

（5）检查通信通道应处于良好状态，确保在配电终端及配电自动化主站侧均应已配置正确参数，包括终端 ID、通信 IP 地址等，配电终端与配电自动化主站应能进行正常数据通信。

（6）配电自动化主站应完成终端建模、主站侧相应的图形、模型信息应与现场一致,查看终端在配电自动化主站系统中是否在线。

(7)配电终端的各种控制参数、告警信息、状态信息应正确和完整。

(8)应在完成安装调试后,开展投运前的验收工作。

二、终端巡视要求

(一)终端装置巡视

(1)检查箱体外壳有无扭曲、破损、锈蚀;检查 DTU、FTU 外观情况,不应存在破损现象,固定应牢固,柜门应能正常打开和关闭。

(2)检查电源模块是否处于浮充状态,电池端子有无氧化现象,蓄电池有无渗液、老化、鼓肚现象,电池外壳有无破损。正常情况下电源模块上有且仅有充电灯亮。

(3)检查配电自动化终端面板、通信设备各指示灯信号状态是否正常,面板上是否存在未复归的告警信号。核心单元面板上各开关指示灯的指示位置是否与一次开关位置相符,各遥信点位状态灯是否与一次设备实际开入状态相符。

(4)检查终端装置电源、操作电源、直流电源、压板开关是否处于正确位置。

(5)正常运行时,终端装置电源空开、电池电源空开、操作电源空开、核心单元电源空开、通信电源空开均应处于合闸状态。

(6)分合闸出口压板的位置应与所要求的位置一致。

(7)检查终端操作面板远方、就地、闭锁开关是否处于正确位置,正常运行时远方就地把手应置于远方状态。

(8)检查防小动物措施是否到位,线缆进出孔洞封堵是否严密,有无脱落现象。

(9)检查终端装置箱体内是否有积水、凝露现象,箱体内温度是否过高。

(10)检查终端装置插件有无可目视的松动现象。

(11)检查端子排接线是否正确牢靠,端子有无松动、放电现象,端子标识是否准确、清晰、完整。检查二次端子有无发热、损坏、老化的现象。二次接线有无松动、飞线,接地线有无松动、脱落。二次线有无破损。电流端子短接片是否连接可靠,电压端子保险是否接触可靠等。

(二)终端设备异常处理

1. 终端装置电源异常处理

(1)电源模块无法启动,充电指示灯不亮:检查电源模块交流段子工作电压是否正常；检查装置电源空开是否合上，若空开处于断开位置，检查空开的电源端 220V 交流电压是否正常，若不正常检查变压器或电压互感器低压侧电压是否正常，若正常尝试合上空开；若空开无法合上，检查电源回路是否存在短路。

（2）终端核心单元无法启动，运行指示灯不亮：检查直流电源模块输出端子电压是否正常；检查 POWER 板上电源输入端子插件是否松动，电压是否正常。

如电源模块损坏，需按照以下步骤处理：

1）退出终端装置所有分合闸出口压板；

2）断开核心单元直流电源、操作电源、电池电源、装置交流电源空开；

3）进行电源模块的更换工作，更换完成后，依次合上终端交流电源、电池电源、通信电源，检查电源模块运行状况，测量输出电压是否正常；

4）合上装置电源后，核心单元 CPU 面板上运行灯应正常，控制面板上各指示灯应正常；

5）通过终端维护软件确认所有遥信、遥测、遥脉信号正常；

6）与主站确认监控后台遥信、遥测、遥脉信号正常；

7）合上操作电源空开，投入终端装置所有分合闸出口压板。

2. 终端装置位置信号异常处理

正常情况下核心单元操作面板上开关位置指示灯的指示状态应与一次开关实际位置一致，如发生位置信号不符等异常：检查信号及控制插件端子是否有松动；使用短接线短接终端二次端子排上信号公共端与分位、合位、接地开关等信号端子，观察指示灯是否指示正常，如不正常，属于指示灯故障，需联系厂家售后支持。如前一步试验正常，则说明属于二次回路故障，查找一次开关侧二次室内相应位置的二次接线，对照二次接线图查看接线是否错误，解开接线检查是否存在虚接。如前面的检查一切正常，需要检查开关机构位置信号辅助节点是否正常。

3. 终端装置就地控制异常情况处理

正常情况下，就地操作模式下，操作面板可以对各回路开关实现电动分合闸操作，如不能操作需按以下步骤检查：

（1）检查操作开关是否处于就地状态。

（2）检查交流电源输入和备用电池供电的直流电源是否正常，至少需要保证一路电源输入正常。

（3）检查操作板插件端子是否有松动或者接触不良的现象，如有需将插件端子排插紧。

（4）检查开关机构接地开关位置是否在分位，防止闭锁。

（5）分别按住分合闸按钮，用万用表测量终端分合闸操作电源端子间电压是否正常。

（6）如上述检查一切正常，需考虑控制电缆或开关操动机构故障。

4. 主站远方控制操作异常处理

正常情况下，配电主站应能在终端远方模式下，对开关进行遥控分合闸控制，如出现异常应按以下步骤处理：

（1）检查终端是否处在远方模式下。

（2）检查通信通道是否正常，可以通过远方就地操作旋钮改变操作模式、观察远方就地遥信变位来判断通信通道是否畅通。

（3）检查终端或开关供电电源是否正常。

（4）解开分合闸二次接线，检查就地模式下电动操作是否可以使继电器动作。

5. 终端电源模块损坏更换

（1）退出终端装置所有分合闸出口压板。

（2）断开核心单元直流电源、操作电源、电池电源、装置交流电源空开。

（3）进行电源模块的更换工作，更换完成后，依次合上终端交流电源、电池电源、通信电源，检查电源模块运行状况，测量输出电压是否正常。

（4）合上装置电源后，核心单元 CPU 面板上运行灯应正常，控制面板上各指示灯应正常。

（5）通过终端维护软件确认所有遥信、遥测、遥脉信号正常。

（6）与主站确认监控后台遥信、遥测、遥脉信号正常。

（7）合上操作电源空开，投入终端装置所有分合闸出口压板。

三、终端异动管理

建立覆盖配电自动化、同源系统数据异动的管理体系，实现"各部门协同、全数据同源、全过程监控"设备异动闭环管理，完成各系统存量数据治理，全面提升系统数据质量。第一，结合配电网设备量、台账信息、系统功能等实际情况，建立配电自动化终端异动流程机制，由同源系统维护部门组织开展在同源系统内完成相应设备参数录入、图模创建、排版、初审工作，确保图形规范率、准确率达到 100%。第二，同源系统台账完整性、规范性、现场一致性大于

99.99%，营配一致率达到 100%。第三，完成同源系统基础数据治理，为同源系统与配电自动化系统图形互通奠定基础，确保同源系统与配电自动化系统图形完全对应。第四，根据终端异动情况，及时完成配电自动化全自动 FA 拓扑及终端保护定值更新。

（一）同源系统的配网一次接线图管理

配网一次接线图涉及的设备多，为了避免一线人员重复工作，必须保证图纸在同一地理区域内的唯一性，同时需实现图纸共享使用，并且提高其便携程度和规范性。因此，明确了图形"源端维护，信息共享"的配网一次接线图管理目标。保证基于同源系统的配网一次接线图顺利推进的关键仍是数据质量，特别是营配历史数据对应。通过选取一个截断日，对配网 10kV 电压等级的数据结合营配调贯通的工作进行专项治理，组织营销、配电、调控三个专业协同工作，完成单线图布局绘图及检验，实现同源数据与原一次接线图的准确性、完整性比对。

（二）异动流程规范化

配电自动化终端异动管理把配电网工程建设、生产运维、业扩报装、调度运行等各项业务纳入流程管理，形成同布置、同标准、同检查、同考核的一体化管理体系。配电自动化终端异动流程由施工单位提出申请，终端运维单位在同源系统中发起终端异动流程，并现场采集数据，完成系统操作，经相关部门审核后发布，数据更新完成后启动送电流程。配电设备异动流程的标准化，实现了终端异动信息的及时性、准确性和规范性。

（1）异动申请。相关部门根据配电网新建、改造、报装工作计划，明确配电自动化终端异动申请时间节点（至少在异动前一周）。施工单位人员根据配电网工作计划提出异动申请。

（2）异动方案评估。终端运维单位判断是否改变配网拓扑关系，对不改变配网拓扑关系的工作，终端运维单位在同源系统中启动终端异动流程，维护异动申请单名称、工作描述等信息，生成对应的设备异动申请单，发起配电设备异动变更流程。对新建开关站、新建环网节点、新建线路开关，线路出线间隔调整，线路加装联络开关，线路分支线接引等改变配网拓扑关系的配电自动化终端建设改造工作，终端运维单位根据工作内容下达工作任务单，根据任务单执行情况，发起异动流程。

（3）异动流程启动。异动申请单创建完成后，由相关部门审核，审核不合格返回修改，审核通过转至设备运维单位。设备运维单位根据终端异动流程变更内容进行现场基础数据采集，维护同源系统信息。在同源系统进行图模维护，绘制终端异动变更图，系统数据审核通过后，由同源系统将异动线路图模数据等信息推送到配电网自动化系统。配电自动化系统维护部门对推送的图模进行美化，并对图模属性完整度、图实一致率、拓扑节点连通情况、配电自动化终端关联情况进行校核，避免出现拓扑连接错误、馈线范围维护不对、孤岛节点及运行方式不一致等诸多问题。配电自动化系统维护部门对异动图模校核不合格的返回同源系统维护部门修改，审核通过进行配电自动化系统图模的更新操作。

（4）异动方案实施。计划专责根据施工单位申报的异动设备变更单安排计划。设备运维单位组织验收工作，验收合格，允许终端投运。对于新建开关站、新建环网节点、新建线路的配电自动化终端投运，设备运维单位组织人员到场配合投运工作。

（5）异动资料归档。异动流程各相关部门做好资料的收集、归档，确保技术资料准确、完整、规范；异动流程发起人在同源系统中对已投运工程的异动申请单进行归档，保证异动流程的闭环管理。

四、终端技术资料管理

（一）新投运配电自动化终端技术资料管理

对于新投运配电自动化终端，需要求项目建设方在投运前提供相关技术资料以方便后期运行维护，技术资料主要包括如下两类。

（1）设备照片：一次设备外观整体照片、一次设备铭牌照片、TA 参数照片、TV 参数照片、保护装置标签照片、DTU（FTU）整体照片、DTU（FTU）铭牌照片、通信模块或交换机照片、通信物联网卡照片。

（2）设备资料：工程竣工图（包括原理图及接线图）、DTU（FTU）调试软件及操作手册、DTU（FTU）产品技术说明书、DTU（FTU）使用说明书、DTU（FTU）出厂试验报告、DTU（FTU）调试报告、DTU（FTU）定值及参数设置截图。

（二）存量配电自动化终端技术资料管理

对于存量配电自动化终端技术资料不全的，应通过现场查看设备或联系项目建设方或设备厂家获取缺少的技术资料，确保按照新投运设备统一标准收集齐全，包括技术资料如下两类。

（1）设备照片：一次设备外观整体照片、一次设备铭牌照片、TA 参数照片、

TV 参数照片、保护装置标签照片、DTU（FTU）整体照片、DTU（FTU）铭牌照片、通信模块或交换机照片、通信物联网卡照片。

（2）设备资料：工程竣工图（包括原理图及接线图）、DTU（FTU）调试软件及操作手册、DTU（FTU）产品技术说明书、DTU（FTU）使用说明书、DTU（FTU）出厂试验报告、DTU（FTU）调试报告、DTU（FTU）定值及参数设置截图。

（三）配电自动化终端资料台账建立

配电自动化终端资料台账不宜独立于一次设备建立，应与一次设备相关台账信息合并建立。

DTU 台账信息应包含：安装位置所属站房或环网节点名称、生产厂家、设备型号、生产日期、软硬件版本号、设备铭牌密钥编号、IP 地址（无线通信的设备还应包含 SIM 卡号）、通信模块或交换机厂家及型号、电源模块厂家及型号。

同时，对 DTU 每一回路对应的开关间隔应记录：设备名称、运行编号、电压登记、运行单位、投运日期、维护班组、区域、资产性质、型号、生产厂家、灭弧介质、开关性质、操动机构形式、操作方式、TA 变比、TV 变比（非必填）、额定电压、额定电流、额定短路开断电流（非必填）、额定动稳定电流（非必填）、额定热稳定电流（非必填）、定值参数、保护装置厂家及型号。

FTU 台账信息应包含：生产厂家、设备型号、生产日期、软硬件版本号、设备铭牌密钥编号、IP 地址、通信模块厂家及型号。同时，对 FTU 所属柱上开关应记录：所属馈线、所属线路、所属杆塔、设备名称、运行编号、电压登记、运行单位、投运日期、维护班组、资产性质、区域、型号、生产厂家、开关性质、灭弧介质、接地电阻、操动机构形式、TA 变比、TV 变比、额定电压、额定电流、额定短路开断电流（非必填）、额定动稳定电流（非必填）、额定热稳定电流（非必填）、定值参数。

第四节　配电自动化通信运维

一、通信设备验收要求

通信设备验收是配电自动化通信系统运维中的重要环节，旨在确保终端设备的正常运行和性能符合要求。在终端验收中，需要进行以下步骤。

（1）验收准备：运维人员需要提前准备验收所需的文件、工具和设备清单等，并与相关部门或供应商协调好验收时间和地点。

（2）验收标准：根据配电自动化通信系统的设计要求和相关标准，确定验收的指标和标准，包括终端设备的数量、型号、功能等。

（3）验收过程：在验收过程中，运维人员需要对每个终端设备进行检查和测试，确保其物理连接正确、配置合理，并能正常通信和运行。

（4）验收记录：在验收过程中，运维人员应详细记录每个终端设备的验收情况，包括设备信息、测试结果、存在的问题等，以备后续参考和跟踪。

（5）验收报告：完成终端设备的验收后，运维人员需要撰写验收报告，包括验收结果、存在的问题和建议等，向相关部门或供应商进行汇报。

二、通信设备巡视要求

通信设备巡视是为了及时发现和解决终端设备可能存在的问题，确保系统的稳定运行。在终端巡视管理中，需要进行以下工作。

（1）巡视计划：制订巡视计划，包括巡视的时间、地点和频率等，根据终端设备的重要性和故障概率确定巡视的重点区域。

（2）巡视内容：巡视过程中，运维人员需要检查终端设备的外观、连接状态、指示灯等，确保设备正常工作，并注意是否存在异常现象或报警信息。

（3）巡视记录：对巡视过程中发现的问题进行记录，包括问题描述、位置、时间等，并及时采取相应的措施进行处理或报修。

（4）巡视报告：根据巡视记录编写巡视报告，总结巡视情况、存在的问题和解决方案，向相关部门汇报，并提出改进建议。

三、通信设备异动管理

通信设备异动管理的目标是确保终端设备的正常运行和网络的稳定性。以下是一些常见的终端异动管理任务。

（1）变更管理：包括对工业以太网交换机的软件升级、配置更改、端口设置等操作。变更管理需要进行计划、验证和记录，以确保变更的正确性和可追溯性。

（2）配置管理：维护和管理工业以太网交换机的配置文件，包括端口配置、VLAN 设置、QoS 配置等。配置管理的目标是确保交换机按照预期进行操作，并满足网络需求。

（3）故障排除和监控：定期检查和监控工业以太网交换机的运行状态，包括端口状态、链路状态、性能指标等。故障排除涉及对异常情况的诊断和修复，以保持网络的正常运行。

（4）安全管理：配置和管理交换机的安全功能，例如访问控制列表（ACL）、端口安全、虚拟专用网（VPN）等。安全管理的目标是保护网络免受未经授权的访问和恶意攻击。

（5）日志管理：对工业以太网交换机的日志进行收集和分析，以便于故障排查、性能优化和安全审计。

在终端异动管理中，常常使用网络管理系统（NMS）或集中式管理平台来实现对工业以太网交换机的集中管理和监控。这些系统可以提供图形化界面、自动化工具和报警功能，帮助运维人员更高效地管理终端设备。

四、通信设备技术资料管理

终端技术资料管理是指对工业以太网交换机相关技术文档和信息的组织、存储和更新的过程。终端指的是工业以太网交换机，包括其型号、规格、配置、软件版本、接口等技术信息。

终端技术资料管理的目标是确保对工业以太网交换机的技术资料进行有效的管理和维护，以支持设备的运维和维修工作。以下是一些常见的终端技术资料管理任务。

（1）技术文档归档：包括交换机的用户手册、安装指南、配置说明、升级说明等技术文档的整理和归档。这些文档在运维人员操作和维护交换机时提供重要的参考和指导。

（2）配置备份和恢复：定期对交换机的配置进行备份，并确保备份文件的安全存储。在需要时，可以使用备份文件来恢复交换机的配置，以便快速恢复正常运行或进行设备替换。

（3）软件版本管理：跟踪和管理交换机的软件版本信息，包括当前安装的版本、发布的更新版本以及版本更新的步骤和注意事项。这有助于保持交换机的软件与厂商提供的最新版本保持同步，并获得新功能和修复。

（4）维修记录和故障排除指南：记录交换机的维修历史和故障排除过程，包括维修日期、维修人员、维修动作和故障解决方案。这些记录对于未来的故障排除和维修工作具有参考价值，并帮助提高运维效率。

（5）厂商支持和更新：跟踪交换机厂商的技术支持信息和软件更新，包括官方网站、论坛、邮件通知等渠道。及时了解和应用厂商提供的技术更新和安全补丁，以提升交换机的性能和安全性。

终端技术资料管理可以通过建立文档库、使用知识管理系统、维护数据库或使用专门的管理工具来实现。这些工具可以帮助运维人员快速访问和检索所需的技术资料，并提供版本控制、搜索和协作功能，以便团队成员共享经验和知识。

第五节　网 络 安 防 管 理

一、主站系统网络安防管理

主站系统网络安防：主站系统应按业务进行分区、分网段，各区交换机不互联互通，不与外网设备进行交互。一、三区文件、消息，通过一、三区正反向隔离装置进行传输；一区、安全接入区文件、消息，通过安全接入区正反向隔离装置进行传输；一区、主网文件、消息，通过主配电网正反向隔离装置进行传输。三、四区发布，使用防火墙指定转发地址进行发布，同时限定访问 IP、业务内容。

前置与终端数据交互，通过配电安全认证网关、数据隔离组件进行链路转发，原则上不允许终端直接 ping 通主站。

二、终端网络安防管理

终端网络安防管理是指对工业以太网交换机进行安全性管理和保护的过程。工业以太网交换机作为配电系统中的终端设备，扮演着连接和控制各个设备的关键角色。

终端网络安防管理的目标是确保工业以太网交换机及其相关网络的安全性、保密性和可用性。以下是一些常见的终端网络安防管理任务。

（1）访问控制：配置交换机的访问控制列表和用户权限，限制非授权用户的访问。通过控制交换机的管理接口、远程访问和协议访问，确保只有授权的用户能够对交换机进行操作和配置。

（2）网络隔离：使用虚拟局域网（VLAN）技术将交换机端口划分为不同的虚拟网络，实现不同设备之间的隔离。这样可以防止恶意流量的扩散和攻击者对关键设备的直接访问。

（3）安全协议配置：配置交换机的安全协议，如 SSH（Secure Shell）和 SNMPv3（Simple Network Management Protocol Version 3），以加密和保护管理通信。这样可以防止敏感信息被窃取或篡改。

（4）网络监控和入侵检测：使用网络监控工具和入侵检测系统（IDS/IPS）对交换机和相关网络进行实时监测，及时发现和应对网络异常和安全事件。监控网络流量、端口状态和异常行为，以保障网络的安全性。

（5）安全审计和日志管理：定期审计交换机的安全配置和日志记录，检查安全事件和异常活动。通过分析日志记录，可以及时发现潜在的安全风险，并采取相应的措施进行修复和防范。

（6）安全培训和意识：提供安全培训和意识活动，加强运维人员和相关人员对网络安全的认识和理解。培养正确的安全操作习惯，增强对安全风险的识别和应对能力。

终端网络安防管理需要综合使用安全设备、安全策略和安全措施来保护工业以太网交换机。定期进行安全评估和风险评估，及时更新和修补漏洞，保持交换机的安全性能。

第四章　配电自动化设备缺陷及处理办法

第一节　常见掉线类缺陷及排查办法

一、单个配电自动化终端掉线

出现单个终端掉线情况时,应按以下顺序进行排查及处理。

(1)排查终端与主站网络状况,对应前置机 ping 终端或通过数据隔离组件、配电安全认证网关查看终端网络状态。若网络不通,则联系信通、运营商进行处理,排查终端与主站网络状况,如图 4-1 所示。

图 4-1　排查终端与主站网络状况

(2)网络状态正常,则排查链路状态,对应前置输入 netsCTt-an |grep 终端 IP,查看链路建立情况。101 规约下,主站为服务端,终端为用户端,若有网络无链路,则排查终端通信模块,终端通信配置。104 规约下,主站为用户端,终端为服务端,若有网络无链路,则排查主站侧配置,主要是通道表中的相关配置,同时检查终端侧的网络设置。在一区接入的情况下,需查看对应配电安全认证网关中的策略配置,合适网关证书与现场证书是否匹配,若不匹配,则网关会断开主

站与终端间的链路,详情见 8020、8021、8022、8023 报文交互情况。在主站作为服务端的情况下,一组前置只有一个前置服务器具有对应服务端端口,需确保终端的双通道机制运行正常,排查链路状态,如图 4-2、图 4-3 所示。

图 4-2 排查链路状态示例一

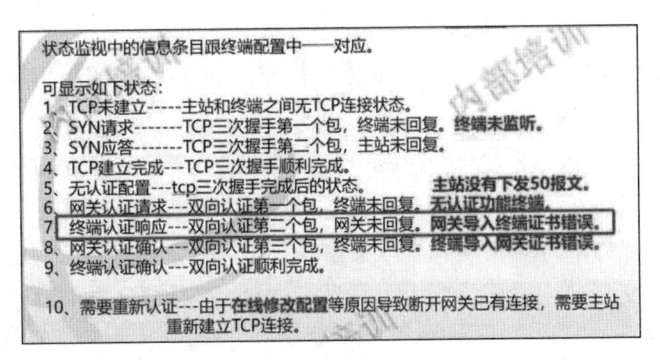

图 4-3 排查链路状态示例二

(3)链路状态正常,无报文。正常情况下,终端与主站链路建立后,主站会下发 50 报文。若链路建立后,主站无报文下发,则排查其他同网段、同类型终端是否有类似现象,若有类似现象,需联系主站人员进行排查。此类现象可能为前置数据溢出、程序异常导致,此类现象会导致终端批量掉线,不会是个别终端的偶发情况。

(4)链路状态正常,50 报文下发后,终端无回复。对于 104 规约终端,一种情况为主站下行报文被网关拦截,核对主站前置中的证书与对应安全认证网关中证书是否一致。另一种情况为前置证书与网关证书一致，需终端侧排查报文收发情况。

（5）证书验签失败，50发出后主站解析失败，通常为主站前置证书未导入。

（6）证书验签失败，50、51循环，通常为主站证书与终端证书不匹配。

（7）证书验签失败，50~53循环，通常为证书版本不匹配，如现场使用三区密钥灌装一区终端，或现场使用测试密钥灌装终端，或主站侧规约表中"非对称密钥索引"不为1。

（8）证书验签失败，50~61循环，无总召。通常为终端侧通信模块与装置本体数据交互异常，未上送数据初始化报文及总召数据。

（9）主站测试帧终端无回复，通信异常导致链路断开或终端程序版本无法正确响应。

二、配电自动化终端大面积掉线

发现终端大面积掉线时，请迅速联系主站人员进行核查。此处仅介绍几种导致终端大面积掉线的情况及现象。

（1）单端口号下终端大面积掉线，此类情况通常是该端口服务端运行异常。可能为通道表中端口服务端被错误修改；同前置下101与104规约混用导致服务端被2404用户端占用；服务端程序数据溢出；安防设备中对端口设限等情况。

（2）单个前置下终端大面积掉线，此类情况通常是对应前置共享内存溢出导致程序异常；对应正反向隔离程序断开导致跨区信息交互异常。

（3）单类规约下终端出现大量报文解析失败。可能见于加密104规约，该规约下终端报文交互数据量异常增大，导致jm104程序与对应加密机的接口异常，报文解析失败。

（4）某区域设备大面积掉线，通常是光纤通信问题，变电站rtu通道异常，该片区光纤被施工队挖断。

（5）一组前置（非光纤）下终端大面积掉线，通常是主站在对该组前置服务器进行维护。

（6）一组前置，光纤终端大面积掉线，通常是信通设备问题或光纤配电安全认证网关异常。

（7）多组前置，无线终端大面积掉线，通常是运营商网络异常、数据隔离组件设备异常、无线终端接入安防设备设备异常。

（8）同区前置下终端全部离线，前置服务器系统维护、升级。

三、单个配电自动化终端频繁投退

终端频繁投退问题需排查终端详情进行具体分析。排查方向如下。

（1）该区域终端是否均存在频繁投退问题，长 ping 该终端，确定该终端、该区域终端的信号稳定性。

（2）该端口终端是否均存在频繁投退问题，确定该端口服务端程序运行是否正常。

（3）该厂家终端是否均存在频繁投退问题，若某厂家多个设备存在频繁投退，则需协调厂家人员到现场进行排查。

若是个别现象，则排查该终端报文，由主站侧与终端侧分别进行读取通信报文，后导出主站报文交由终端厂家进行分析。

（1）输入电源不稳定。由于终端供电不稳定，交换机等终端频繁重启，导致故障。其排查办法如下。

1）检查电源连接：确保交换机的电源线连接牢固，没有松动或接触不良的情况。重新插拔电源线，确保连接正常。

2）检查电源电压：使用电压表或电能表测量交换机的输入电压，检查是否在设备规格要求的范围内。如果输入电压不稳定，可能需要采取措施来稳定供电，如使用稳压器或 UPS（不间断电源）。

3）检查电源线路：检查电源线路是否存在电压波动或电磁干扰的问题。如果发现问题，可能需要进行线路修复或改善，或者考虑使用电源滤波器来减少干扰。

4）检查其他电源设备：如果终端设备共享同一个电源线路，检查其他设备是否引起电源不稳定的问题。其他设备可能存在电源负荷过重、电源冲击或故障等问题，导致整个电源线路的不稳定。需要及时检查和修复这些设备。

（2）光口收光弱或者没有收光。终端光口没有收到上游终端的光信号或者光功率很弱，终端上行通道异常，导致故障现象一、二的出线。其排查办法如下。

1）检查光纤连接：首先，检查光纤连接是否牢固、是否松动或插头是否接触不良。确保光纤连接正确地插入交换机的光口和对应设备的光口中。

2）检查光纤质量：检查光纤是否存在损坏、划伤或弯曲过度的情况。这些因素可能会导致光信号的损失或衰减。如果发现光纤有损坏，需要更换光纤并进行正确的安装。

3）检查光模块：检查光口所使用的光模块是否正确安装，并确保其与交换机兼容。有时，光模块可能需要重新插拔或更换。

4）检查光口配置：确保光口的配置正确，例如光口模式（全双工/半双工）、光口速率等与连接设备一致。

5）检查光口状态指示灯：观察交换机上的光口状态指示灯，确认是否存在异常。例如，光口状态指示灯可能显示红色或闪烁，表示连接问题或故障。

6）使用光功率计：使用光功率计测量光纤的发光功率和接收功率。这可以帮助确定光口的收光强度是否符合要求。如果收光弱，可能需要调整光口的发送功率或检查光纤链路的损耗情况。

（3）变电站汇聚交换机上行异常。变电站汇聚交换机上行到配电主站通信异常，影响该变电站汇聚所有配电终端的正常通信，即使存在备份链路，终端上行通道仍异常，导致故障。其排查办法如下。

1）检查物理连接：检查上行链路的物理连接是否牢固、没有松动或插头不良接触。确保上行光纤或电缆连接正确地插入汇聚交换机的上行端口和对应设备的端口中。

2）检查上行链路质量：检查上行链路是否存在损坏、划伤、电缆连接不良或电缆质量差等情况。这些因素可能会导致信号损失或衰减。如果发现问题，需要修复或更换受损的电缆，并确保电缆连接质量良好。

3）检查链路速率和双工模式：确保汇聚交换机的上行端口和对应设备的端口配置正确的链路速率和双工模式。例如，速率应该匹配，双工模式应该一致（全双工或半双工）。

4）检查链路状态和接口统计：通过查看汇聚交换机的接口状态和接口统计信息，确定上行链路是否正常工作。可以检查链路的协商状态、错误计数、丢包情况等。异常的统计信息可能提示问题所在。

5）检查上行设备配置：确认上行设备（如路由器、防火墙等）的配置是否正确。确保上行设备的路由表、ACL等配置项与网络需求一致。

6）检查网络设备日志：查看汇聚交换机和上行设备的日志，寻找任何与上行链路异常相关的错误或警告信息。日志记录可以提供有关问题的更多线索。

7）使用网络分析工具：使用网络分析工具（如Wireshark）对上行链路进行抓包分析，以检查数据包的流动情况、延迟、丢包等。这可以帮助确定是否存在网络层或传输层问题。

8）核实SDH传输到上行汇聚节点，是否存在通信异常、误码过大等情况。

（4）终端所在链路出现环路。由于终端所在链路出现环路，环路防护协议未正确配置或者失效，整个网络或者链路出现广播风暴，整个网络转发数据不稳定，导致故障现象一、二、三的出现。其排查办法如下。

1）检查物理连接：检查交换机之间的物理连接，确保没有多余的链路连接。

如果存在多个链路连接导致环路，则需要断开其中一个或多个链路，以消除环路。

2）配置环路防护协议：许多企业级交换机支持诸如 Spanning Tree Protocol（STP）或 Rapid Spanning Tree Protocol（RSTP）等环路防护协议。这些协议可以帮助检测并阻塞环路，以确保网络拓扑的单一性。确保这些协议已正确配置并在交换机上启用。

3）检查网络设备配置：检查交换机的配置，特别是 VLAN 配置和端口配置。确保 VLAN 配置正确，不会产生环路。此外，检查端口的 STP/RSTP 状态，确保正确的端口状态和角色设置。

4）检查广播风暴：环路可能导致广播风暴，造成网络拥塞。使用网络监控工具来检测广播风暴，识别广播流量异常高的交换机端口。然后，通过适当配置交换机或排查故障设备来解决广播风暴问题。

5）配置端口安全：某些交换机支持端口安全功能，可以限制每个端口允许的 MAC 地址数量。通过配置适当的端口安全限制，可以防止恶意设备插入网络并引发环路。

6）进行网络规划和设计：在进行新网络设备的添加或网络拓扑的调整时，进行合理的网络规划和设计是预防环路问题的重要步骤。确保正确配置交换机的端口和 VLAN，并避免不必要的链路连接。

第二节　常见遥控类缺陷及排查办法

一、遥控预置失败

检查现场自动化终端"远方/就地"把手是否正常：若为"就地"位置，则判断为把手位置不正确。将"远方/就地"把手打到远方位置。

检查主站节点建模是否正常：应在主站端核对终端节点参数配置是否正确，修正主站节点参数。

检查通道是否正常。光纤检查及处理方法：利用光功率测试仪检查光纤通道衰耗，包括光纤熔接点、法兰口、分光器处的衰耗，判断导致衰耗过大的环节。尝试切换主备光路，更换或修复光纤通道、分光器、紧固各部件连接。

检查终端与主站是否存在时间差：通过主站召唤终端时钟或终端就地查询确认终端与主站时间差。进行手动对时，之后设置成自动对时模式，保证对时准确，若故障频繁发生，则检查修复终端对时及守时机制故障。

检查密钥验证是否正确：检查主站加密机是否异常，配电终端是否没有刷写密钥参数或没有配置密钥芯片，或者在主站更新密钥时终端是否进行了同步更新。修复加密机异常，配置终端加密芯片并修正密钥参数。

二、遥控预置成功，执行失败

检查遥控开关的开关柜"远方/就地"把手是否处于"就地"位置：检查装置"远方/就地"把手位置，若为"就地"位置，则判断为把手位置不正确。将"远方/就地"把手打到远方位置。

检查遥控回路：确认终端出口压板合位、就地状态之后，利用万用表逐级检查遥控回路通断。利用万用表逐级查找回路故障并修复。

检查终端遥控回路是否失电：确认终端出口压板、"远方/就地"选择旋钮状态，利用万用表检查终端遥控回路电位是否正常。利用万用表逐级查找回路故障并修复。

检查终端出口继电器：确认终端遥控回路且一次设备无异常后，即可判断为出口继电器故障。更换终端出口继电器。

检查终端遥控板固件：若主站端节点模型配置正确，且通道正常，终端回路正常，但合闸终端合闸接点未闭合，则判断终端遥控板固件损坏。联系相关厂家修复或更换终端遥控板。

检查一次设备：若终端遥控出口无法短接合闸，或目测一次存在损坏，则判断为一次设备回路或机构故障，现场确认一次设备故障情况。修复一次设备回路或机构故障。

三、遥控开关错位

检查主站遥控点号或 IP 设置：检查主站遥控点号或 IP 是否配置错误。修正主站端参数配置。

检查终端遥控点号或 IP 设置：检查终端遥控点号或 IP 是否与主站保持一致。修正终端参数配置。

四、开关无法合闸

检查是否定值不合适，躲不开冲击电流：检查终端定值，利用录波装置监视冲击电流大小，并查看终端是否配置了励磁涌流闭锁功能。修正配电终端定值配置。

检查开关回路或机构：检查开关回路是否有断点，以及机构是否存在卡扣不上的问题。修复一次设备回路及机构故障。

检查跳闸出口是否常闭：检查配电终端跳闸出口接点是否存在短路。修复短路故障点。

第三节 其他类缺陷

一、遥测值显示错误

检查终端采样回路接线情况：利用相序表测量终端采样端子排上的电压和电流的幅值及相位，读取终端数据进行对比。修正终端采样回路接线。

检查主站节点参数配置：检查主站端节点采样值的方向、变比等是否配置错误。修正主站端参数配置。

检查遥测死区：检查主站遥测值和终端当地显示值差异，同时检查终端遥测死区门槛大小，确定是否是死区门槛设置过大。合理设置遥测死区门槛。

二、遥信值显示错误

（一）配电自动化终端误发保护信号

检查终端参数设置是否正确：检查终端内部定值参数设置情况。修正不合理参数。

检查是否存在励磁涌流干扰：检查装置录波，分析基波和谐波含量，确定是否存在涌流干扰。若基波数值正常，二次谐波含量较高，确定谐波影响。增加励磁涌流闭锁功能，或者适当增加保护告警延时。

（二）配电自动化终端误送遥信变位信息

检查终端二次回路：利用万用表检查终端二次回路是否存在端子虚接或接错的情况。修复终端二次回路接线。

检查一次设备本体节点：将一次设备对应节点短接或解开，观察是否存在误报的情况。修复一次设备回路接线和接点故障。

检查终端软硬件：利用万用表检查终端二次回路是否异常，若正常则判断为终端遥信固件或软件故障。核实软硬件原因，若为软件异常则进行软件升级或修复，若为硬件故障则对应硬件进行更换或修复。

检查终端遥信防抖时间设置：检查装置 SOE 记录，确认遥信的动作和返回的最大时间。若此时间在合理范围，但是大于终端的遥信防抖时间，则确定为遥信防抖时间设置较短。延长终端的遥信防抖时间设置。

三、对时错误

检查主站是否下发对时指令：监视主站下发命令，确认是否正常发出对时指令。主站未发出对时指令则调整主站程序或功能，主站发出对时指令，需确认指令消失环节并加以调整。

检查终端是否执行或正确执行主站下发对时命令：监视主站与终端通信报文，确认是否正常执行收到对时指令。调整修复终端对时程序或功能。

检查终端守时功能是否异常：持续监视配电终端时钟，确认是否在对时后存在守时不准确的问题。调整修复终端守时程序或功能。

第四节 常见硬件故障及其现象

一、无线通信模块故障

终端配置的无线通信模块，一般采取支持 4G 的 TD-LTE/LTE-FDD/TD-SCDMA/WCDMA/GSM 五模自适应，至少有 2 路 RS 232 串行接口 9600bit/s，或一个 10M/100M 全双工以太网接口，具有端口数据监视、网络中断自动重连等功能。

终端无线通信模块故障，一般会因为无线通信模块硬件版本过低、无线信号弱、移动服务商通信中断、通信天线被遮蔽、无线通信卡欠费或锁死等情况，导致单个终端掉线、频繁投退现象；移动服务商通信中断、欠费、锁死，甚至会造成大面积终端掉线现象。

无线通信模块发生以上现象时，建议首先测试设备所在地移动通信服务商的信号强度，尝试架高天线、增加放大器设备、联系厂家升级无线模块软件程序、更换无线通信模块等方式处置。对于实在无法获取无线信号的场所，建议更换为光纤通信模式。

二、电源模块故障

终端配置的电源模块，一般采取双电源自动切换、后备电源供电模式。额定功率应大于 80W，能稳定输出 DC24/48V 电压，具备双电源自动切换、后备电源启动、自动充放、活化功能。

终端电源模块故障，会导致终端供电异常、单个终端掉线、蓄电池充放电异常等现象。

终端电源模块故障，建议维修或更换同样配置的电源模块。

三、蓄电池故障

终端配置的蓄电池，一般为免维护阀控铅酸蓄电池，配置 4 节单节不低于 7Ah 电池，额定电压 DC48V，使用寿命应大于 5 年，保证完成"分—合—分"操作并维持配电终端及通信模块至少运行 4h。

蓄电池一般会出现极柱腐蚀、电解液溢出、内部短路鼓包等情况，表现为容量不足、充放电不完全、电压不足等。蓄电池故障会导致自动化终端、通信终端在主电源停电后掉线，或者持续短时后掉线。还可能引起电源模块充放电异常告警等现象。

蓄电池故障需对整组或单节蓄电池进行电压、容量、充放电检测，对于欠压、容量不足、虚充等电池进行更换。

四、控制电缆故障

控制电缆一般是连接终端电源回路、电流回路、控制回路、信号回路的 ZR-KVVP2-22 型号低压电缆，一般分别采取 4×4，7×2.5，7×1.5，10×1.5 等规格。

控制电缆故障，一般会出现虚接、断线、错接、多项搭接等情况。电源回路异常会导致电源电压异常、终端掉电等现象；交流回路异常会导致遥测缺位、上送断续、电流电压数据异常等现象；控制回路异常会导致开关遥控错位、单个开关遥控失败、预置失败等现象；信号回路异常会导致遥信缺位、上送断续、数据异常等现象。

控制电缆故障查找难度较大，需对照二次施工设计图纸，逐一检查各回路，核对控缆两端盘柜配线及标识，检查对应端子虚接、错接等情况。发现错误点后，应及时检修处置。

五、继电器故障

继电器一般为配电自动化信号和控制回路服务。继电器故障较为单一，基本为部分点位缺失或损坏。

继电器缺失或损坏，会导致开关遥控错位、单个开关遥控失败、预置失败等现象；还会导致遥信缺位、上送断续、数据异常等现象。

继电器缺失或损坏建议直接更换或增加。

六、电压互感器故障

站房内电压互感器一般采用户内三相树脂全密封浇注式绝缘互感器，额定变比为 $10/\sqrt{3}:0.1/\sqrt{3}:0.22/\sqrt{3}:0.1/3$，准确级为 0.2/0.5/3P，二次绕组额定输出电压为 100V，为终端提供电压测量值。

二次融合户外环网柜一般采用户内三相树脂全密封浇注式绝缘互感器，额定变比为相电压($10kV/\sqrt{3}$)/($0.1kV/\sqrt{3}$)、零序电压($10kV/\sqrt{3}$)/($0.1kV/3$)、电源($10kV/\sqrt{3}$)/($0.22kV/\sqrt{3}$)，输出电压为 100V、220V，为终端提供电压测量值及电源。柱上断路器一般采用内置式零序电压传感器和外置式电源电压互感器。内置式零序电压传感器额定变比($10kV/\sqrt{3}$)，准确级 3P；外置式电源电压互感器额定变比为线电压 10kV/0.1kV、供电电压 10kV/0.22kV，输出电压为 100V、220V，为终端提供电压测量值及电源。

电压互感器故障一般会发生熔断器熔断、一次侧断线、二次侧接线错误、互感器烧损等情况。会导致遥测电压值错误、缺失、终端外接电源中断、终端掉线等现象。

电压互感器熔断器熔断、一次侧断线，应及时检修更换熔断器或处理一次侧接线；二次侧接线错误，应及时检修重新二次接线；互感器烧损应及时更换电压互感器。

七、电流互感器故障

相电流互感器一般采用户内单相树脂全密封浇注式绝缘互感器，额定变比 600/5A、300/5A、200/5A、100/5A 等，准确级 0.2S/0.5/10P10，为终端提供相电流测量值。

零序电流互感器一般采用户内单相树脂全密封浇注式绝缘互感器，额定变比 100/5A，为终端提供零序电流测量值。

电流互感器故障一般会发生变比设置错误、缺少 B 相、零序电流互感器等情况。会导致遥测电流值错误、缺失、错位、出现数量级误差等现象。由于遥测电流值是故障判断关键值，因此还会误发保护信号造成非故障跳闸，或者配电网一次故障时无法正确开出保护信号造成越级跳闸等现象。

电流互感器应正确核对 TA 变比，并正确设置比值，确保一次值与现场一致。缺相 TA、零序 TA 时，应及时增加电流互感器。

第五节 FA 常见问题分析

一、FA 未启动

（1）数据库配置不正确，需检查数据库配置，注意图片中选中部分的设置。

DSCADA→"关系表类"→"断路器 DA 控制模式表"如图 4-4 所示。

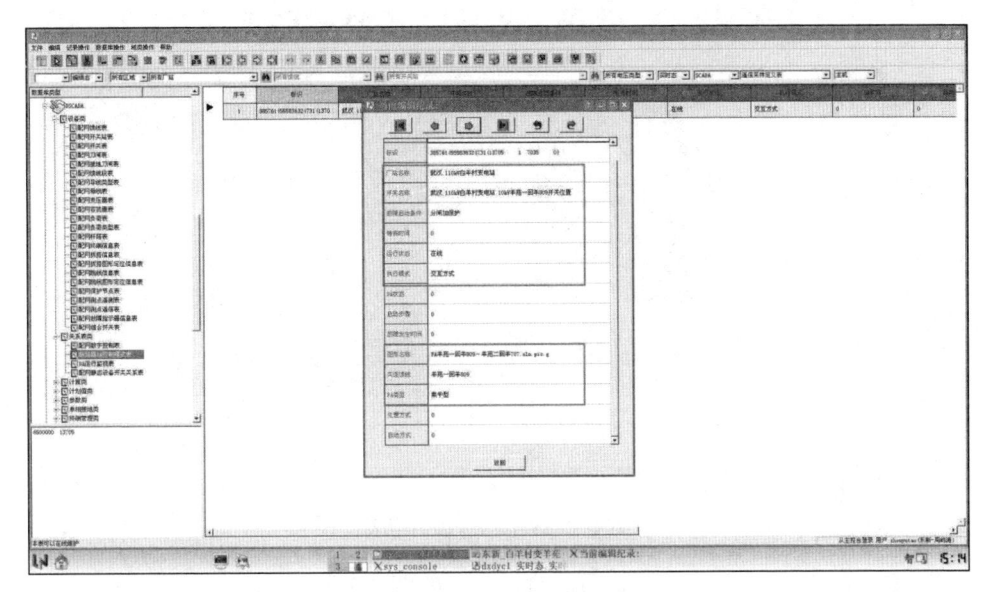

图 4-4 断路器 DA 控制模式表

DSCADA→"关系表类"→"配电网静态设备开关关系表"如图 4-5 所示。

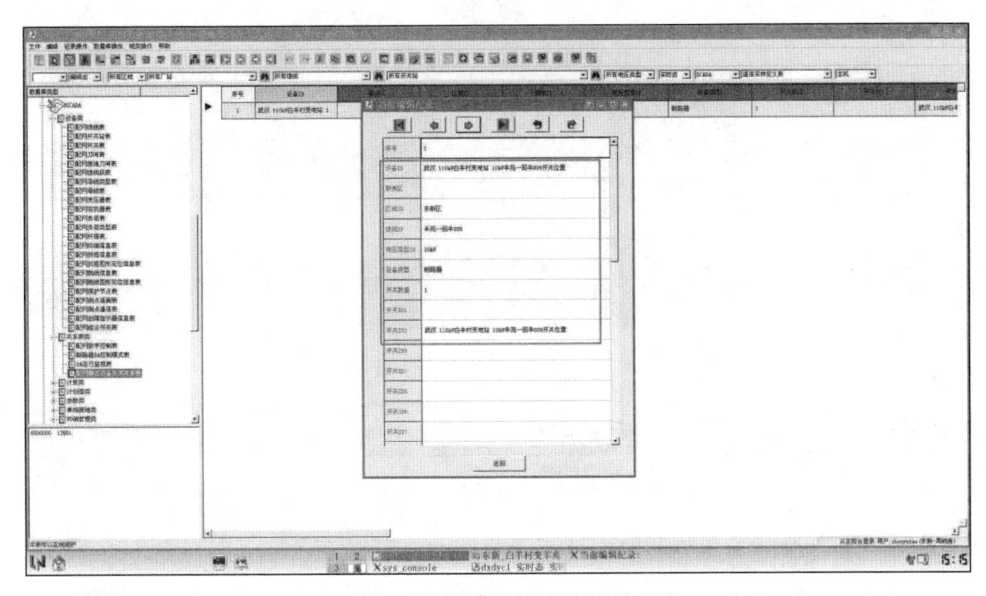

图 4-5 配电网静态设备开关关系表

DSCADA→"设备类"→"配电网保护节点表"如图 4-6 所示。

图 4-6　配电网保护节点表

SCADA→"设备类"→"保护信号表"如图 4-7 所示。

图 4-7　保护信号表

（2）变电站出线开关遥信变位或者保护动作信息未上传至主网 D5000 系统。

（3）变电站出线开关遥信变位或者保护动作信息未在有效时间内转发至配电自动化系统。

（4）拓扑错误。如主配网未拼接，线路环网运行等。

二、FA 正确启动，故障区间判断不正确

（一）终端故障

（1）一次设备故障，如电流互感器故障导致设备无法上送准确的故障电流。

（2）终端设置问题，定值设置错误或告警出口软压板设置错误。

花山花锦开关站 03 开关与白羊佳苑开关站 01 开关联络故障，花山花锦开关站 03 开关定值告警投退未投，导致判断错误，如图 4-8~图 4-10 所示。

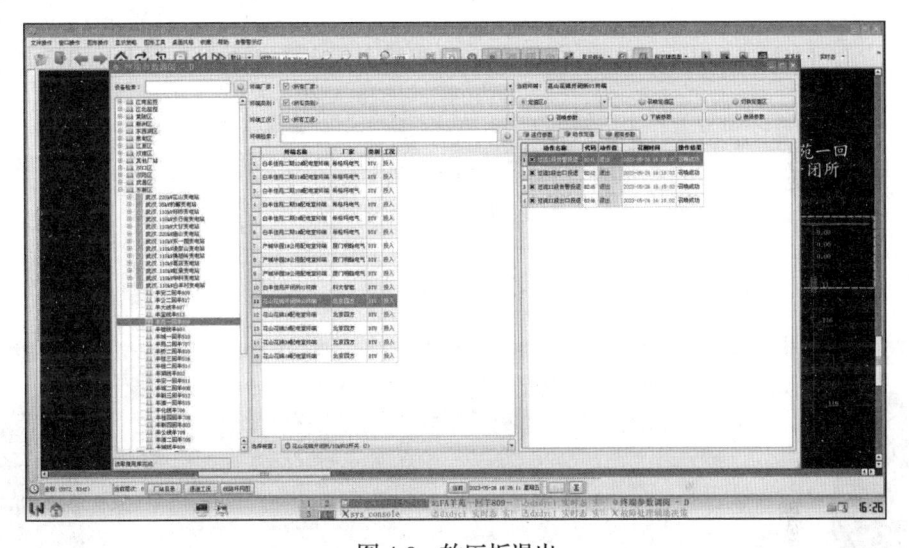

图 4-8　软压板退出

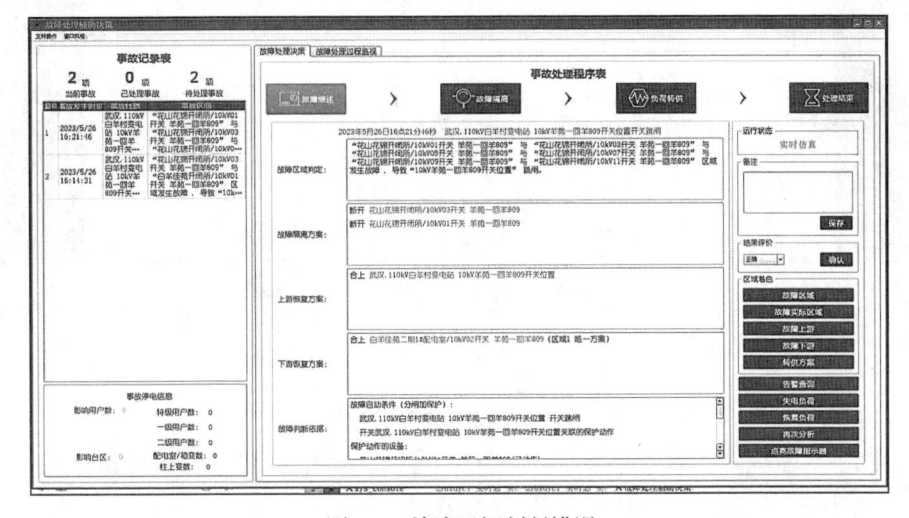

图 4-9　故障区间判断错误

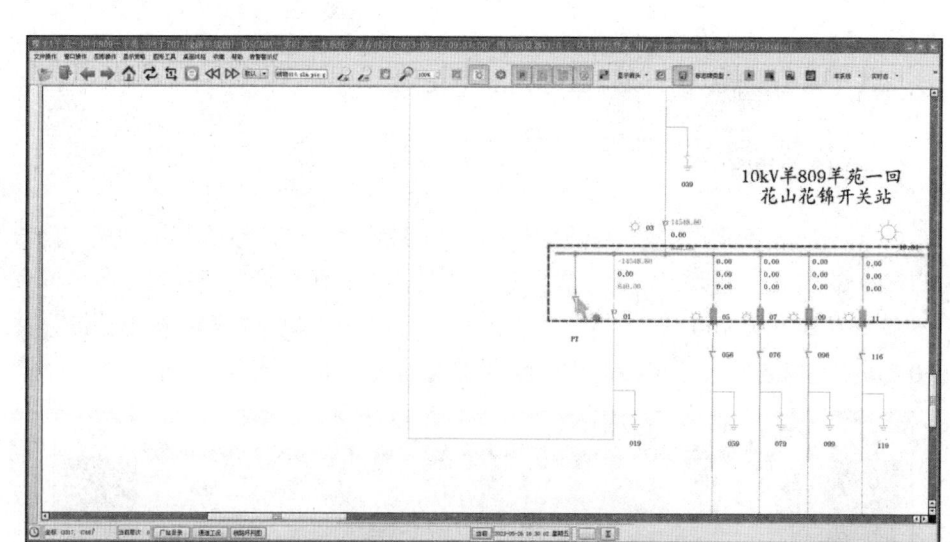

图 4-10　故障区间指向错误

对应正确状态如图 4-11~图 4-13 所示。

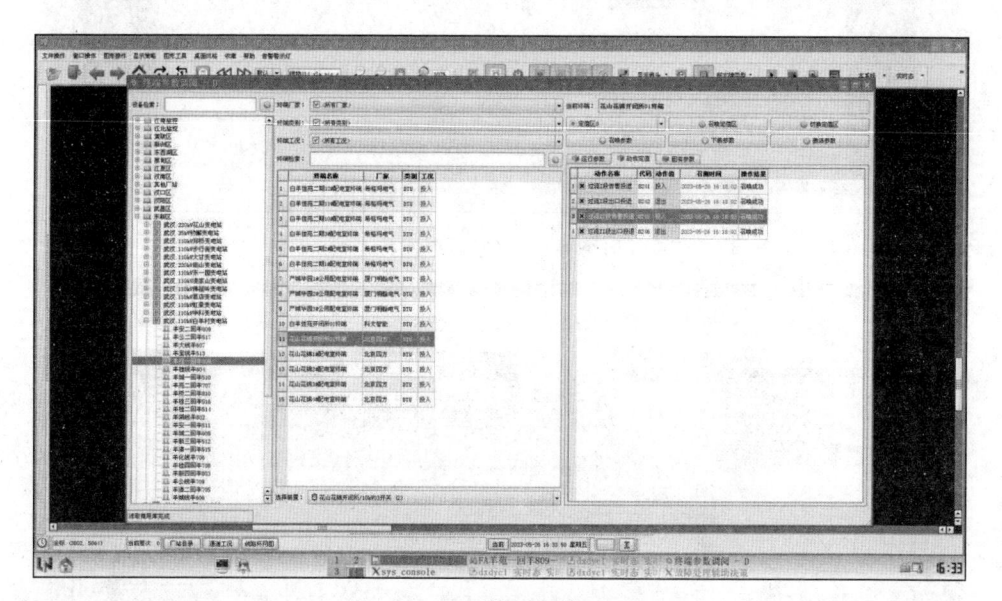

图 4-11　软压板投入

（3）接线错误导致遥信错误，现场开关、小车位置信号上送不正确。

（4）终端死机。故障发生前，终端与主站有通信，主站误认为终端在线，实际终端处于死机状态，无法产生并上传动作信号。

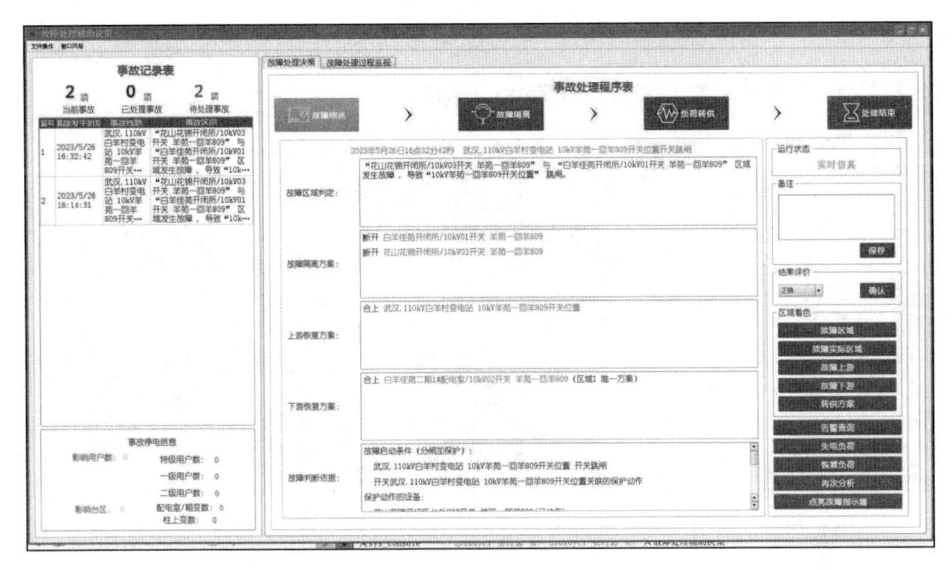

图 4-12 故障区间判断正确

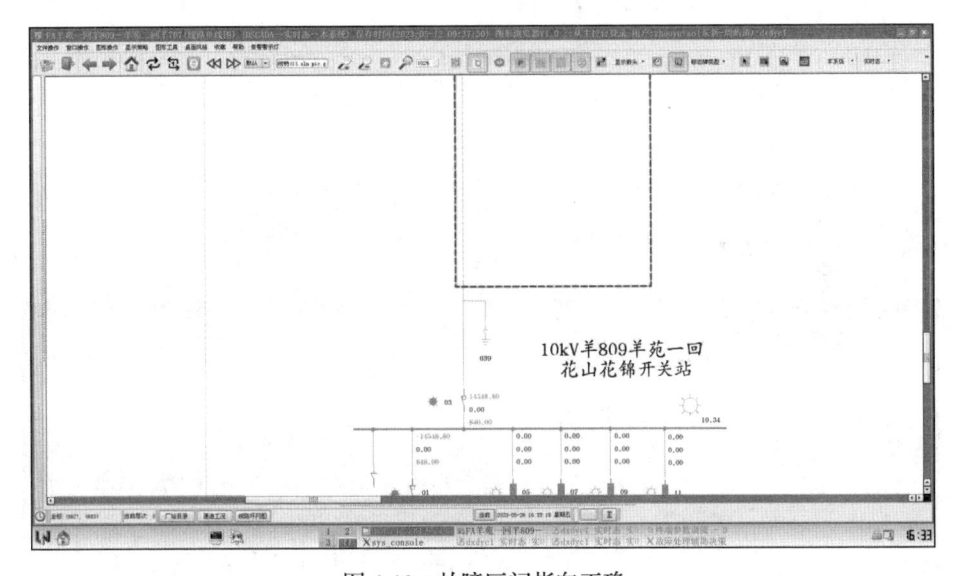

图 4-13 故障区间指向正确

（二）通信故障

（1）通信丢包。如：2023 年 02 月 20 日 02 时 30 分，10kV 汤 32 汤金线速断跳闸，FA 启动，但是故障区间判断错误，主站未收到故障点前方仙女山环网和汤 211 开关的保护动作信号，后经查实仙女山环网和汤 211 开关均为无线通信终端，终端本地均有保护动作信息，故障时通信存在短时故障导致保护信息未上传至主站，从而引发故障区间判断错误，如图 4-14 和图 4-15 所示。

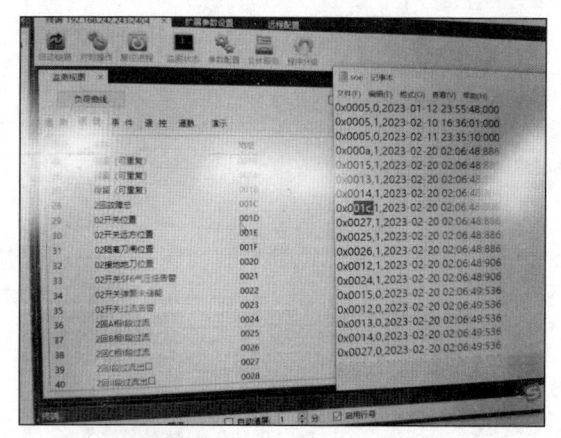

图 4-14　仙女山环网本地 SOE 信息　　　图 4-15　汤 211 开关本地故障信息

（2）交换机掉线。故障发生时，交换机失去供电电源掉线，导致故障信号未发送至主站。

(三) 主站故障

（1）拓扑问题。

1）白羊佳苑开关站 I 号母线故障时，白羊佳苑开关站 01 断路器和小车隔离开关节点错乱未连通，导致判断错误，如图 4-16 和图 4-17 所示。

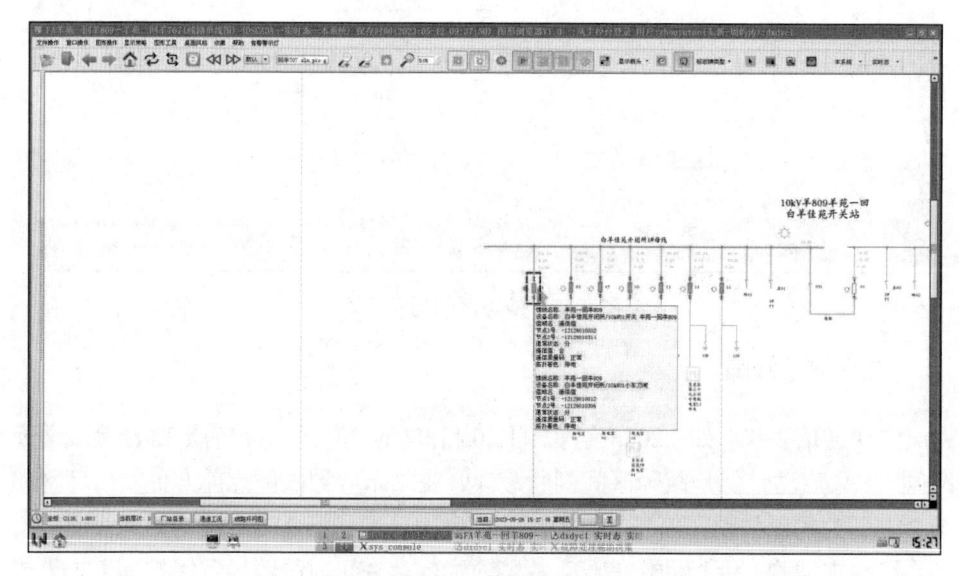

图 4-16　拓扑不通

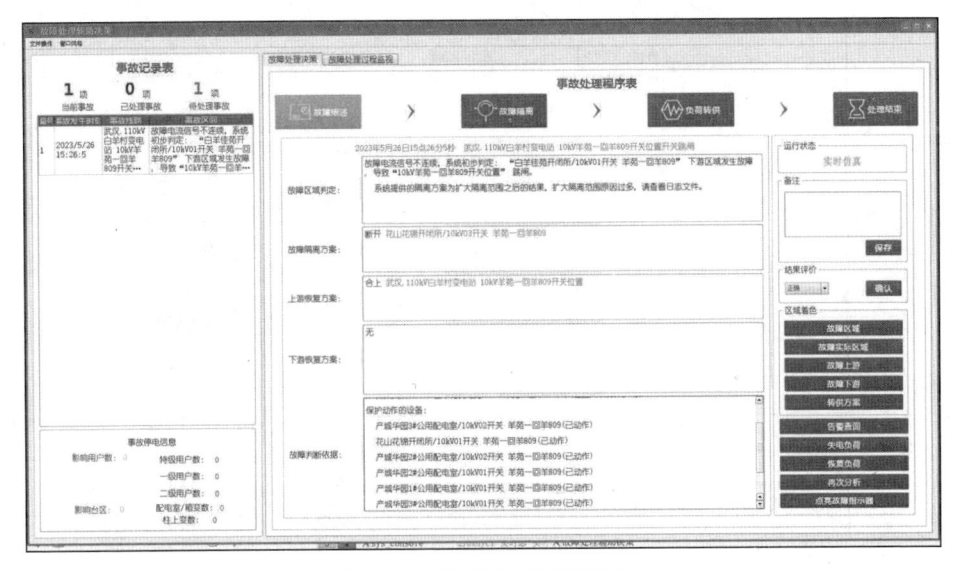

图 4-17 故障区间判断错误

对应正确后的状态，如图 4-18 和图 4-19 所示。

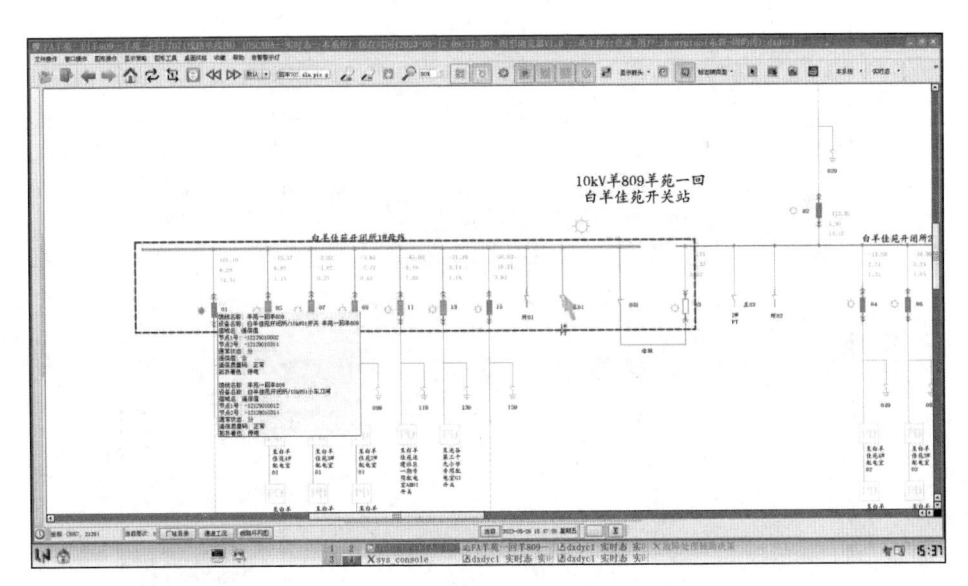

图 4-18 拓扑通后故障区间指向正确

2）白羊佳苑开关站 I 号母线故障时，花山花锦开关站 03 至白羊佳苑开关站 01 联络电缆节点为—1 导致判断错误，如图 4-20 和图 4-21 所示。

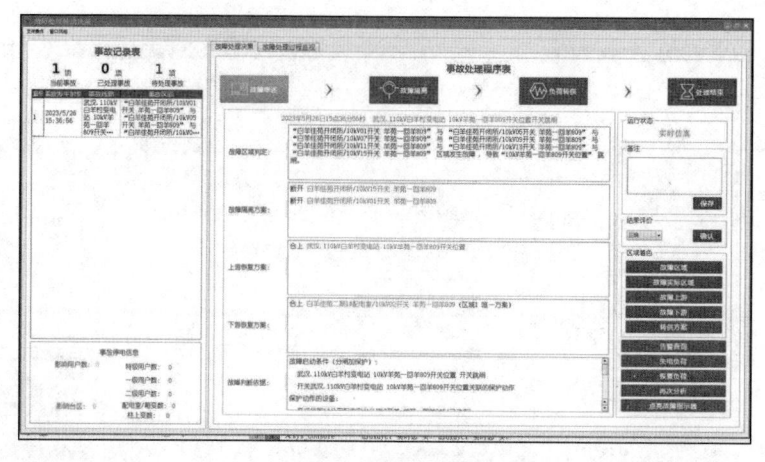

图 4-19 拓扑通后故障区间判断正确

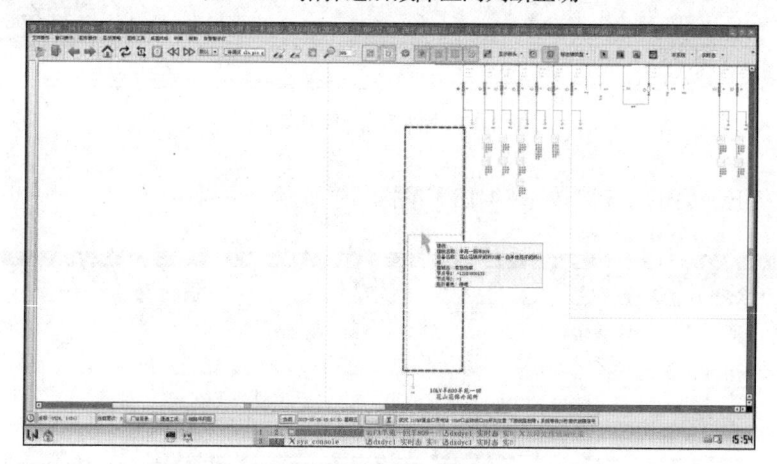

图 4-20 节点错误

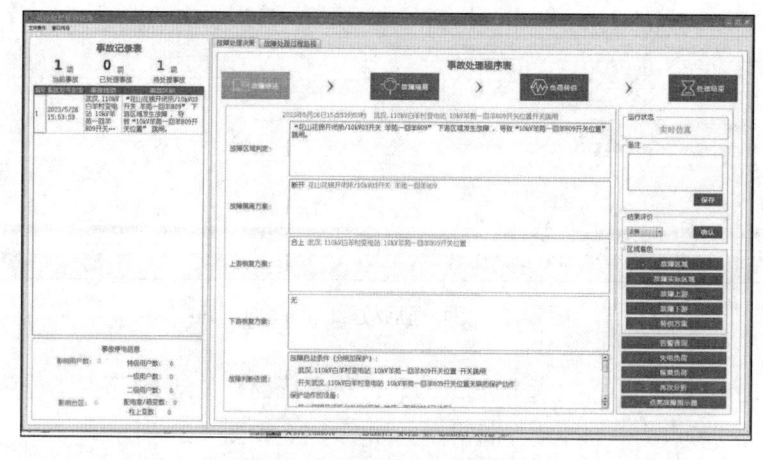

图 4-21 故障区间判断错误

对应正确后的状态如图 4-22 和图 4-23 所示。

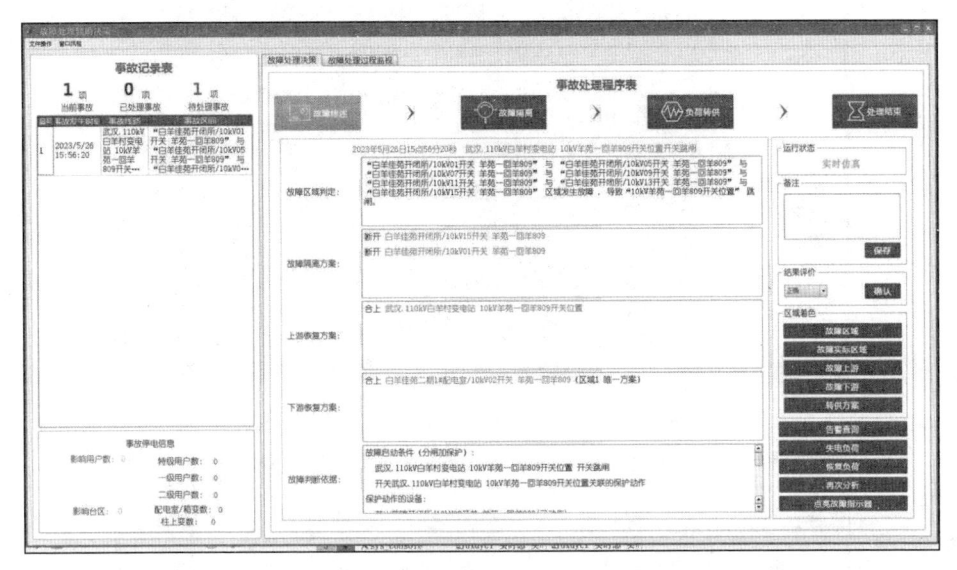

图 4-22　节点更正后故障区间判断正确

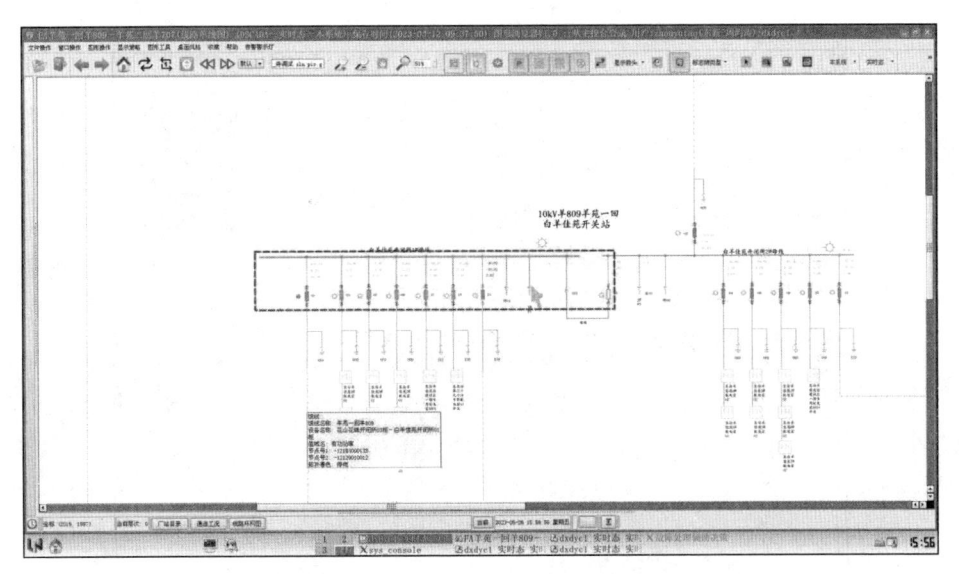

图 4-23　节点改正后故障区间指向正确

（2）数据库参数配置有误。花山花锦开关站 03 开关与白羊佳苑开关站 01 开关联络故障，花山花锦开关站 01 断路器保护配置错误导致判断错误，如图 4-24~图 4-26 所示。

对应正确状态如图 4-27~图 4-29 所示。

图 4-24 节点类型应为"动作信号"实为"其他"

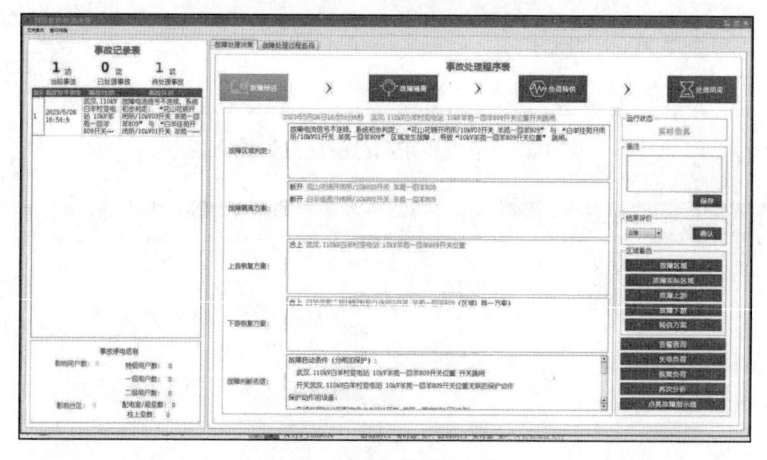

图 4-25 故障区间判断错误

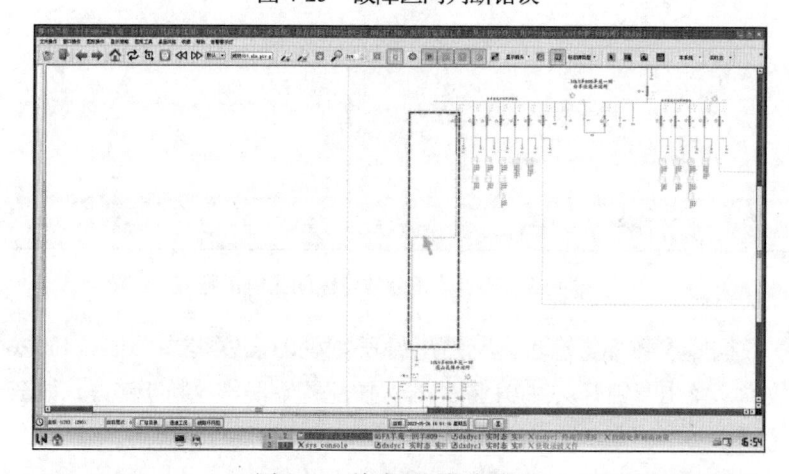

图 4-26 故障区间指向错误

图 4-27 节点类型更正为"动作信号"

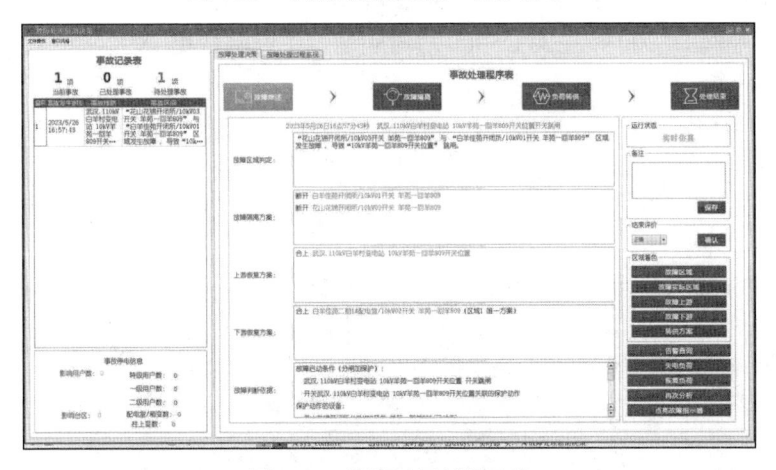

图 4-28 故障区间判断正确

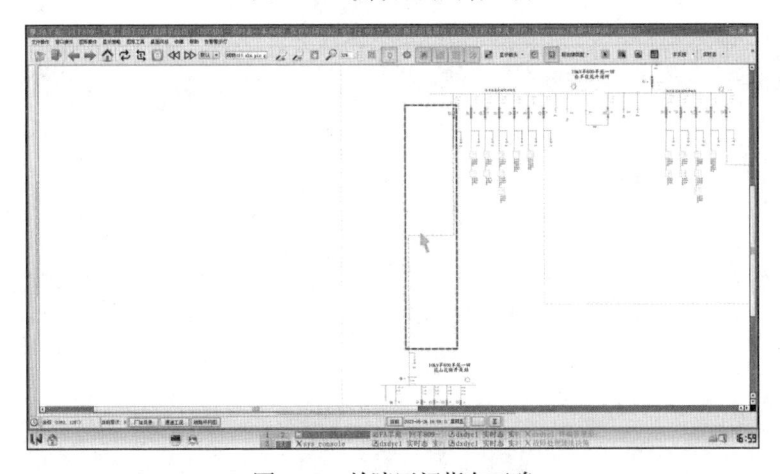

图 4-29 故障区间指向正确

（3）主站前置机故障、转发出现问题、策略分析出现问题等。

（4）主站保护信号误封锁，导致 FA 分析时错误判断故障区间。

（5）点表设置错误。

三、全自动化 FA 故障区间判断正确，动作失败

全自动化 FA 故障区间判断正确，动作失败，一般分为故障区间隔离失败和非故障区恢复供电失败。

（1）故障区间隔离失败，一般为故障区两侧开关遥控失败，除按照本章第二节中遥控失败判断故障问题外，还应特别注意故障时二次失电，导致遥控失败。

（2）非故障区恢复供电失败，故障下游故障区恢复失败，联络点遥控失败问题参考（1），故障上游非故障区恢复失败，是变电站出线开关控合失败导致，常见原因有配网 D5200 和主网 D5000 对时问题、主配网数据交互问题等。

附　　　录

附录 A　配电自动化终端标准点表

一、DTU 标准点表

附表 A1　　　　　　DTU 标准遥测表

点号	信息描述	单位
0	××开关站/环网蓄电池电压	V
1	××开关站/环网 1 号母线 AB 线电压	kV
2	××开关站/环网 1 号母线 BC 线电压	kV
3	××开关站/环网 1 号母线 CA 线电压	kV
4	××开关站/环网 1 号母线 A 相电压	kV
5	××开关站/环网 1 号母线 B 相电压	kV
6	××开关站/环网 1 号母线 C 相电压	kV
7	××开关站/环网 1 号母线零序电压	kV
8	××开关站/环网 2 号母线 AB 线电压	kV
9	××开关站/环网 2 号母线 BC 线电压	kV
10	××开关站/环网 2 号母线 CA 线电压	kV
11	××开关站/环网 2 号母线 A 相电压	kV
12	××开关站/环网 2 号母线 B 相电压	kV
13	××开关站/环网 2 号母线 C 相电压	kV
14	××开关站/环网 2 号母线零序电压	kV
15	××开关站/环网 01 开关有功值	kW
16	××开关站/环网 01 开关无功值	kVar
17	××开关站/环网 01 开关功率因数	—
18	××开关站/环网 01 开关 A 相电流	A
19	××开关站/环网 01 开关 B 相电流	A
20	××开关站/环网 01 开关 C 相电流	A
21	××开关站/环网 01 开关零序电流	A
其余母线间隔及开关间隔与上述规范监控信息一致		

附表 A2　　　　　　　　　　DTU 标准遥信表

点号	信息描述	信息分类
0	××开关站/环网总远方/就地	变位
1	××开关站/环网交流失电	异常
2	××开关站/环网装置异常	异常
3	××开关站/环网电池活化	告知
4	××开关站/环网电池欠压	异常
5	××开关站/环网 1 号 TV 断线	异常
6	××开关站/环网 2 号 TV 断线	异常
7	××开关站/环网 1 号母线互 01 手车工作位置	变位
8	××开关站/环网 2 号母线互 02 手车工作位置	变位
9	××开关站/环网事故总	事故
10	××开关站/环网 01 开关间隔事故总	事故
11	××开关站/环网 01 开关位置	变位
12	××开关站/环网 01 开关远方位置	变位
13	××开关站/环网 01 小车工作位置	告知
14	××开关站/环网 01 开关接地开关位置	告知
15	××开关站/环网 01 开关 SF_6 气压低告警	异常
16	××开关站/环网 01 开关 SF_6 气压低闭锁	事故
17	××开关站/环网 01 开关弹簧未储能	异常
18	××开关站/环网 01 开关控制回路断线	异常
19	××开关站/环网 01 开关保测装置故障	异常
20	××开关站/环网 01 开关保测装置异常	异常
21	××开关站/环网 01 开关电流Ⅰ段出口	事故
22	××开关站/环网 01 开关电流Ⅱ段出口	事故
23	××开关站/环网 01 开关电流Ⅲ段出口	事故
24	××开关站/环网 01 开关零序Ⅰ段出口	事故
25	××开关站/环网 01 开关零序Ⅱ段出口	事故
26	××开关站/环网 01 开关重合闸出口	事故
27	××开关站/环网 01 开关 TA 断线	异常
28	××开关站/环网 01 开关小电流接地告警	事故
29	××开关站/环网 01 开关小电流接地出口	事故
30	××开关站/环网 01 开关录波完成	变位
其余母线间隔及开关间隔与上述规范监控信息一致		

附表 A3　　　　　　　　　DTU 标准遥控表

点号	信息描述
0	××开关站/环网电池活化
1	××开关站/环网 01 开关遥控
\multicolumn{2}{c}{其余开关间隔与上述规范监控信息一致}

附表 A4　　　　　　　　　DTU 标准遥脉表

点号	信息描述
0	××线××开关当前正向有功电能示值
1	××线××开关当前正向无功电能示值
2	××线××开关当前一象限无功电能示值
3	××线××开关当前四象限无功电能示值
4	××线××开关当前反向有功电能示值
5	××线××开关当前反向无功电能示值
6	××线××开关当前二象限无功电能示值
7	××线××开关当前三象限无功电能示值
8	××线××开关 15min 冻结正向有功电能示值
9	××线××开关 15min 冻结正向无功电能示值
10	××线××开关 15min 冻结一象限无功电能示值
11	××线××开关 15min 冻结四象限无功电能示值
12	××线××开关 15min 冻结反向有功电能示值
13	××线××开关 15min 冻结反向无功电能示值
14	××线××开关 15min 冻结二象限无功电能示值
15	××线××开关 15min 冻结三象限无功电能示值
16	××线××开关日冻结正向有功电能示值
17	××线××开关日冻结正向无功电能示值
18	××线××开关日冻结一象限无功电能示值
19	××线××开关日冻结四象限无功电能示值
20	××线××开关日冻结反向有功电能示值
21	××线××开关日冻结反向无功电能示值
22	××线××开关日冻结二象限无功电能示值
23	××线××开关日冻结三象限无功电能示值
24	××线××开关潮流变化冻结正向有功电能示值
25	××线××开关潮流变化冻结正向无功电能示值
26	××线××开关潮流变化冻结一象限无功电能示值
27	××线××开关潮流变化冻结四象限无功电能示值
28	××线××开关潮流变化冻结反向有功电能示值

续表

点号	信息描述
29	××线××开关潮流变化冻结反向无功电能示值
30	××线××开关潮流变化冻结二象限无功电能示值
31	××线××开关潮流变化冻结三象限无功电能示值
其余开关间隔与上述规范监控信息一致		

附表 A5　　　　　　　　DTU 标准遥调表

设备名称	定值名称	单位	定值核对	定值下装
××开关站/环网 01 开关	相 TA 一次电流值	A		是/否
	相 TA 二次电流值	A		是/否
	零序 TA 一次电流值	A		是/否
	零序 TA 二次电流值	A		是/否
	电流 I 段定值	A		是/否
	电流 I 段时间	s		是/否
	电流 I 段告警投退	投/退		是/否
	电流 I 段出口投退	投/退		是/否
	电流 II 段定值	A		是/否
	电流 II 段时间	s		是/否
	电流 II 段告警投退	投/退		是/否
	电流 II 段出口投退	投/退		是/否
	零序 I 段定值	A		是/否
	零序 I 段时间	s		是/否
	零序 I 段告警投退	投/退		是/否
	零序 I 段出口投退	投/退		是/否
	零序 II 段定值	A		是/否
	零序 II 段时间	s		是/否
	零序 II 段告警投退	投/退		是/否
	零序 II 段出口投退	投/退		是/否
	重合闸时间	s		是/否
	重合闸出口投退	投/退		是/否
	小电流接地告警时间	s		是/否
	小电流接地出口时间	s		是/否
其余开关间隔与上述开关间隔一致				
××开关站/环网	故录目录召唤	故录文件召唤		故录波形解析
	是/否	是/否		是/否

二、FTU 标准点表

附表 A6　　　　　　　　FTU 标准遥测表

点号	信息描述	单位
0	××线××开关蓄电池电压	V
1	××线××开关 AB 线电压	kV
2	××线××开关 BC 线电压	kV
3	××线××开关 CA 线电压	kV
4	××线××开关零序电压	kV
5	××线××开关有功值	kW
6	××线××开关无功值	kvar
7	××线××开关功率因数	—
8	××线××开关 A 相电流	A
9	××线××开关 B 相电流	A
10	××线××开关 C 相电流	A
11	××线××开关零序电流	A

附表 A7　　　　　　　　FTU 标准遥信表

点号	信息描述	信息分类
0	××线××开关远方/就地	变位
1	××线××开关交流失电	异常
2	××线××开关装置异常	异常
3	××线××开关电池活化	告知
4	××线××开关电池欠压	异常
5	××线××开关电源故障	异常
6	××线××开关位置	变位
7	××线××开关事故总	事故
8	××线××开关 1 开关位置	变位
9	××线××开关 6 开关位置	变位
10	××线××开关弹簧未储能	异常
11	××线××开关控制回路断线	异常
12	××线××开关电流 Ⅰ 段出口	事故
13	××线××开关电流 Ⅱ 段出口	事故
14	××线××开关电流 Ⅲ 段出口	事故
15	××线××开关零序 Ⅰ 段出口	事故
16	××线××开关零序 Ⅱ 段出口	事故
17	××线××开关重合闸出口	事故

续表

点号	信息描述	信息分类
28	××开关站/环网 01 开关小电流接地告警	事故
29	××开关站/环网 01 开关小电流接地出口	事故
30	××开关站/环网 01 开关录波完成	变位

附表 A8　　　　　　　　　　　FTU 标准遥控表

点号	信息描述
0	××线××开关电池活化
1	××线××开关遥控

附表 A9　　　　　　　　　　　FTU 标准遥脉表

点号	信息描述
0	××线××开关当前正向有功电能示值
1	××线××开关当前正向无功电能示值
2	××线××开关当前一象限无功电能示值
3	××线××开关当前四象限无功电能示值
4	××线××开关当前反向有功电能示值
5	××线××开关当前反向无功电能示值
6	××线××开关当前二象限无功电能示值
7	××线××开关当前三象限无功电能示值
8	××线××开关 15min 冻结正向有功电能示值
9	××线××开关 15min 冻结正向无功电能示值
10	××线××开关 15min 冻结一象限无功电能示值
11	××线××开关 15min 冻结四象限无功电能示值
12	××线××开关 15min 冻结反向有功电能示值
13	××线××开关 15min 冻结反向无功电能示值
14	××线××开关 15min 冻结二象限无功电能示值
15	××线××开关 15min 冻结三象限无功电能示值
16	××线××开关日冻结正向有功电能示值
17	××线××开关日冻结正向无功电能示值
18	××线××开关日冻结一象限无功电能示值
19	××线××开关日冻结四象限无功电能示值
20	××线××开关日冻结反向有功电能示值
21	××线××开关日冻结反向无功电能示值
22	××线××开关日冻结二象限无功电能示值
23	××线××开关日冻结三象限无功电能示值
24	××线××开关潮流变化冻结正向有功电能示值

续表

点号	信息描述
25	××线××开关潮流变化冻结正向无功电能示值
26	××线××开关潮流变化冻结一象限无功电能示值
27	××线××开关潮流变化冻结四象限无功电能示值
28	××线××开关潮流变化冻结反向有功电能示值
29	××线××开关潮流变化冻结反向无功电能示值
30	××线××开关潮流变化冻结二象限无功电能示值
31	××线××开关潮流变化冻结三象限无功电能示值

附表 A10　　　　　　　　FTU 标准遥调表

设备名称	定值名称	单位	定值核对	定值下装
××线 ××开关	相 TA 一次电流值	A		是/否
	相 TA 二次电流值	A		是/否
	零序 TA 一次电流值	A		是/否
	零序 TA 二次电流值	A		是/否
	电流 I 段定值	A		是/否
	电流 I 段时间	s		是/否
	电流 I 段告警投退	投/退		是/否
	电流 I 段出口投退	投/退		是/否
	电流 II 段定值	A		是/否
	电流 II 段时间	s		是/否
	电流 II 段告警投退	投/退		是/否
	电流 II 段出口投退	投/退		是/否
	零序 I 段定值	A		是/否
	零序 I 段时间	s		是/否
	零序 I 段告警投退	投/退		是/否
	零序 I 段出口投退	投/退		是/否
	零序 II 段定值	A		是/否
	零序 II 段时间	s		是/否
	零序 II 段告警投退	投/退		是/否
	零序 I 段出口投退	投/退		是/否
	重合闸时间	s		是/否
	重合闸出口投退	投/退		是/否
	小电流接地告警时间	s		是/否
	小电流接地出口时间	s		是/否
	故录目录召唤		故录文件召唤		故录波形解析
	是/否		是/否		是/否

附录 B 配电自动化设备配置要求

一、终端配置要求

1. 采集

三相电流、零序电流、三相电压、零序电压等模拟量采集、处理等功能；具备开关位置、小车位置、接地开关位置、远方/就地、未储能、SF_6 低气压告警等状态量采集功能。

2. 故障检测及判别

具备上传线路故障告警信号、装置告警信号、保护动作等信号的功能；具备相间短路、接地故障隔离功能，并支持上送故障事件；具备事件记录功能，可经召唤后上送 D5200 主站；具备故障录波并上传至配电主站功能。

3. 保护功能

（1）至少具备两段相过流（可经电压、方向闭锁）、两段零序过流（可经方向闭锁）、三相一次重合闸（检无压、检同期或不检）、后加速、过负荷告警等保护功能。每段保护可通过修改整定值分别投退，相过流、零序过流可动作于跳闸或告警。定值及时间应连续可调。

（2）各接入间隔的保护定值可分别整定，各间隔保护分别按照各间隔整定的动作时间动作，独立出口跳闸。

（3）具备通过"就地"和"远方"两种方式实现投退保护功能、投退重合闸、切换保护定值区、修改保护整定值和相关控制参数。

（4）可进行远方召唤、修改、下装定值，支持远方投退告警功能及保护分/合闸出口软压板。

（5）装置自带操作回路，具备分/合闸硬件自保持功能。

（6）终端保护定值与开关柜微机保护整定值一致，按定值单执行，终端保护软压板投出口。

4. 蓄电池

采用免维护阀控铅酸蓄电池，额定电压 DC48V，单节电池不小于 12Ah，使用寿命不少于 5 年，保证完成"分—合—分"操作并维持柜内微机保护、配电终端及通信模块至少运行 6h。

5. 通信

终端与主站之间的通信规约应采用符合 DL/T 634 系列标准的 101、104 通信规约。

6. 安装 TA

站房类设备各间隔应安装零序 TA，用于研判接地故障，配置的后备电源应能提供可靠的操作电源。配电自动化终端保护需接入保护 TA 绕组。

二、故障指示器配置要求

（1）采集单元供电电源：应为 TA 取电并辅以超级电容作为主供电源。线路负荷电流不小于 3A 时，TA 取电 10s 内应能满足全功能工作要求。超级电容在充满电时应可独立维持全功能工作不小于 12h。后备电源采用额定电压不小于 DC3.6V、容量不低于 8.5Ah 的非充电电池。

（2）汇集单元供电电源：采用太阳能板供电或 TA 供电。后备电源应为可充电电池，在主供电源失电后，后备电源应保证全功能工作大于 7 天。

三、终端及故障指示器录波要求

（1）录波要求：故障发生时，应能实现三相同步录波，并将三相传感器上送的故障信息、波形合成为一个波形文件，并标注时间参数上送给主站，时标误差不大于 100μs，用于故障的判断。支持录波数据循环存储至少 64 组，并支持主站调阅、召测和主动上送录波完成遥信，用于故障的判断。

（2）波形要求：录波范围包括不少于启动前 4 个周波、启动后 8 个周波，每周波不少于 128 个采样点（宜采用 128 点或 256 点），录波数据循环缓存，波形内容至少包括 A 相电场（电压）、B 相电场（电压）、C 相电场（电压）、A 相电流、B 相电流、C 相电流、零序电流 3I_0、开关位置等。

（3）录波启动条件：可包括过流故障、线路失压、电流突变、相电场强度（电压）突变、零序电压突变等，应实现单独或组合设定触发、阈值可设。故障发生时间和录波启动时间的时间偏差不大于 20ms。

（4）故障录波稳态误差应符合附表 B1 要求。

附表 B1　　　　　　　　　　故障录波稳态误差

输入电流（A）	0≤I<300	300≤I<600
幅值相对误差（相）	±3A	±1%

（5）故障录波暂态性能中最大峰值瞬时误差应不大于 10%。

（6）录波数据可响应主站发起的召测，上送配电主站的录波数据应符合 Comtrade 1999 标准的文件格式要求，且只采用 CFG 和 DAT 两个文件，并且采用二进制格式。

（7）波形文件宜采用压缩格式上传。

附录 C DTU 交接验收作业指导卡

设备基础信息	设备名称			设备 ID		
	制造厂家及型号			出厂日期		
	申请单位			申请日期		
	验收单位			验收日期		

序号	验收项目	性质	验收标准	验收依据	检查方式	验收结论（是否合格）	验收问题说明
一、资料完整及移交						验收人签字：	
1	资料移交	关键	工程设计资料（包括设计图纸文件资料、设计联络文件等）规范、完整，数量满足技术规范要求	DL/T 995—2016《继电保护和电网安全自动装置检验规程》5.2.2	资料检查	□是 □否	
2			设备的技术资料（设备订货相关文件、监造报告、抽检报告、出厂试验报告、型式试验报告、安装使用说明书、开箱资料《DTU 二次接线原理图》等）规范、完整，数量满足技术规范要求	DL/T 995—2016《继电保护和电网安全自动装置检验规程》5.2.2	资料检查	□是 □否	
3			符合生产管理系统（PMS）要求的设备台账资料应及时录入	Q/GDW 626—2011《配电自动化系统运行维护管理规范》5.8	资料检查	□是 □否	
4			DTU 保护定值单，保护定值设置及压板投退说明，安装记录及单体调试报告、与主站的对点调试记录等技术文件规范、完整		资料检查	□是 □否	
5			DTU 配置、无线模块配置、维护软件安装包及详细的使用说明		资料检查	□是 □否	
二、设备检查						验收人签字：	
1	外观检查		外观是否清洁完整，缆线敷设以及网络连接，符合设计要求且配接正确，标识清晰。接线应无机械损伤，端子压接应紧固。控缆缆孔封堵良好，无漏光。装置的把手、复归按钮、空气开关应标识正确；压板定义名称应正确，压接可靠，底座无松动，备用压板应拆除。具有明显的装置运行、通信、遥信状态指示等且指示正确	DL/T 995—2016《继电保护和电网安全自动装置检验规程》5.3.3.2 Q/GDW 514—2010《配电自动化终端/子站功能规范》4.1.5	现场查看	□是 □否	

续表

<table>
<tr><td rowspan="4">设备基础信息</td><td>设备名称</td><td></td><td>设备ID</td><td></td></tr>
<tr><td>制造厂家及型号</td><td></td><td>出厂日期</td><td></td></tr>
<tr><td>申请单位</td><td></td><td>申请日期</td><td></td></tr>
<tr><td>验收单位</td><td></td><td>验收日期</td><td></td></tr>
<tr><td>序号</td><td>验收项目</td><td>性质</td><td>验收标准</td><td>验收依据</td><td>检查方式</td><td>验收结论（是否合格）</td><td>验收问题说明</td></tr>
<tr><td>1</td><td>外观检查</td><td></td><td>安装应牢固无倾斜，外观完好无损伤，柜门开闭正常，柜门接地线良好，开关门无压夹地线情况。装置接地是否良好，是否符合国家电网有限公司反措要求，接地线应用截面积不小于4mm²的多股铜线</td><td>《国家电网有限公司十八项电网重大反事故措施（修订版）》15.7.3.1</td><td>现场查看</td><td>□是 □否</td><td></td></tr>
<tr><td rowspan="8">2</td><td rowspan="8">装置检查</td><td rowspan="8">关键</td><td>装置外观是否完整、插件是否齐全，各元件安装、插接紧固，无松动现象；装置板件无告警</td><td>DL/T 995—2016《继电保护和电网安全自动装置检验规程》5.3.3.2</td><td>现场查看</td><td>□是 □否</td><td></td></tr>
<tr><td>装置的型号、各软件版本、配置、功能是否与技术规范书一致。微机保护检查各CPU软件版本与说明书应一致，应为厂家提供的最新版本</td><td>DL/T 995—2016《继电保护和电网安全自动装置检验规程》5.3.3.2</td><td>现场查看</td><td>□是 □否</td><td></td></tr>
<tr><td>现场机械指示和信号指示正确一致，现场电动操作正确可靠</td><td>Q/GDW 1382—2013《配电自动化技术导则》10.2</td><td>现场查看</td><td>□是 □否</td><td></td></tr>
<tr><td>装置定值的电流互感器、电压互感器变比是否与现场实际相同</td><td>DL/T 995—2016《继电保护和电网安全自动装置检验规程》5.2.2.5</td><td>现场查看</td><td>□是 □否</td><td></td></tr>
<tr><td>装置通过内嵌安全芯片与主站加密通信正常</td><td>运检三〔2017〕6号文附件二《配电自动化系统网络安全防护方案》</td><td>查看报告</td><td>□是 □否</td><td></td></tr>
<tr><td>装置通信模块配置齐全，采用光纤通信方式，需检查有无光纤及ONU等设备。采用无线通信方式，需检查有无无线通信模块</td><td>Q/GDW 1382—2013《配电自动化技术导则》8.3</td><td>现场查看</td><td>□是 □否</td><td></td></tr>
<tr><td>装置具备本地与规约对时功能</td><td>Q/GDW 514—2010《配电自动化终端/子站功能规范》4.2.1、j</td><td>查看报告</td><td>□是 □否</td><td></td></tr>
<tr><td>装置具有后备电源，主电源故障时，备用电源能自动无缝投入，不发生装置重启及误发信号情况。后备电源单独供电时长满足技术规范要求。蓄电池应能手动、定时、远方活化</td><td>运检三〔2017〕6号文附件三《配电自动化终端/子站功能规范》6.1.1l、m</td><td>现场查看</td><td>□是 □否</td><td></td></tr>
</table>

续表

设备基础信息	设备名称				设备ID			
	制造厂家及型号				出厂日期			
	申请单位				申请日期			
	验收单位				验收日期			

序号	验收项目	性质	验收标准	验收依据	检查方式	验收结论（是否合格）	验收问题说明
3	二次回路检查	关键	二次回路绝缘电阻要求：额定电压不大于60V，绝缘电阻不小于5MΩ（250V绝缘电阻表）；额定电压大于60V，绝缘电阻不小于5MΩ（500V绝缘电阻表）	运检三〔2017〕6号文附件四《配电自动化终端技术规范》7.2.1a	现场查看	□是 □否	
			TA二次回路是否有且只能有一点接地；TV二次回路必须且只能有一点接地	DL/T 995—2016《继电保护和电网安全自动装置检验规程》5.3.2	现场查看/影像资料	□是 □否	
			二次线路横平竖直，并用扎带扎紧；接线正确可靠，无松脱现象，无金属部分露出；端子压板连接正确紧固；二次线接线端子标号准确清晰	Q/GDW 744—2012《配电网技改大修项目交接验收技术规范》7.1	现场查看	□是 □否	
4	装置单体调试	关键	电流、电压精度满足0.5级准确度要求。无功、有功满足1级准确度要求。有功电量满足0.5s级、无功电量满足2.0级准确度，功率因数分辨率不大于0.01	运检三〔2017〕6号文附件四《配电自动化终端技术规范》6.7.1a	查看报告/现场抽检	□是 □否	
			采集开关动作、远方/就地、储能状态等信息	运检三〔2017〕6号文附件四《配电自动化终端技术规范》6.7.1b	查看报告/现场抽检	□是 □否	
			装置本地、软件遥控开入开出、软压板是否正常，传动测试正常	DL/T 995—2016《继电保护和电网安全自动装置检验规程》5.3.3.8、5.3.7.5	查看报告/现场抽检	□是 □否	
			无线通信模块应具备断线自动重连功能	运检三〔2017〕6号文附件四《配电自动化终端技术规范》6.6b	查看报告/现场抽检	□是 □否	
			具备相间短路、接地故障保护告警或出口功能	运检三〔2017〕6号文附件三《配电自动化终端子站功能规范》6.1.1c、6.1.2c	查看报告/现场抽检	□是 □否	

续表

<table>
<tr><td rowspan="4">设备基础信息</td><td colspan="2">设备名称</td><td></td><td>设备ID</td><td colspan="3"></td></tr>
<tr><td colspan="2">制造厂家及型号</td><td></td><td>出厂日期</td><td colspan="3"></td></tr>
<tr><td colspan="2">申请单位</td><td></td><td>申请日期</td><td colspan="3"></td></tr>
<tr><td colspan="2">验收单位</td><td></td><td>验收日期</td><td colspan="3"></td></tr>
<tr><td>序号</td><td>验收项目</td><td>性质</td><td>验收标准</td><td>验收依据</td><td>检查方式</td><td>验收结论（是否合格）</td><td>验收问题说明</td></tr>
<tr><td rowspan="4">5</td><td rowspan="4">与配电自动化主站对点调试</td><td rowspan="4">关键</td><td>本地遥信、遥测变化时，主站接收到的数据误差及时延应满足技术规范要求</td><td>DL/T 721—2013《配电自动化远方终端》4.5</td><td>查看报告/现场抽检</td><td>□是 □否</td><td></td></tr>
<tr><td>在通信条件允许的情况下，应具备远方控制复归、断路器分合及软压板投退的功能</td><td>运检三〔2017〕6号文附件三《配电自动化终端子站功能规范》6.1.1b</td><td>查看报告/现场抽检</td><td>□是 □否</td><td></td></tr>
<tr><td>具备终端参数、定值的远方调阅及配置功能</td><td>运检三〔2017〕6号文附件三《配电自动化终端子站功能规范》5.2.10、5.2.14</td><td>查看报告/现场抽检</td><td>□是 □否</td><td></td></tr>
<tr><td>具备线损模块，具备电能量计算功能，包括当前、15min冻结、日冻结、潮流变化冻结电能量数据，可上送到主站</td><td>运检三〔2017〕6号文附件三《配电自动化终端子站功能规范》6.1.1h</td><td>查看报告/现场抽检</td><td>□是 □否</td><td></td></tr>
<tr><td colspan="5">三、馈线自动化功能测试</td><td colspan="3">验收人签字：</td></tr>
<tr><td></td><td>FA功能测试</td><td>关键</td><td>终端FA功能是否合格</td><td></td><td>查看报告/现场抽检</td><td>□是 □否</td><td></td></tr>
<tr><td colspan="5">四、专用工器具及备品备件</td><td colspan="3">验收人签字：</td></tr>
<tr><td></td><td>专用工器具及备品备件</td><td></td><td>专用工器具及备品备件是否齐全，包括柜门钥匙，维护线</td><td></td><td></td><td>□是 □否</td><td></td></tr>
</table>

附录 D　FTU 交接验收作业指导卡

<table>
<tr><td rowspan="4">设备基础信息</td><td>设备名称</td><td colspan="3"></td><td>设备 ID</td><td colspan="3"></td></tr>
<tr><td>制造厂家及型号</td><td colspan="3"></td><td>出厂日期</td><td colspan="3"></td></tr>
<tr><td>申请单位</td><td colspan="3"></td><td>申请日期</td><td colspan="3"></td></tr>
<tr><td>验收单位</td><td colspan="3"></td><td>验收日期</td><td colspan="3"></td></tr>
<tr><td>序号</td><td>验收项目</td><td>性质</td><td>验收标准</td><td>验收依据</td><td>检查方式</td><td>验收结论（是否合格）</td><td>验收问题说明</td></tr>
<tr><td colspan="6">一、资料完整及移交</td><td colspan="2">验收人签字：</td></tr>
<tr><td>1</td><td rowspan="5">资料移交</td><td rowspan="5">关键</td><td>工程设计资料（包括设计图纸文件资料、设计联络文件等）规范、完整，数量满足技术规范要求</td><td>DL/T 995—2016《继电保护和电网安全自动装置检验规程》5.2.2</td><td>资料检查</td><td>□是　□否</td><td></td></tr>
<tr><td>2</td><td>设备的技术资料（设备订货相关文件、监造报告、抽检报告、出厂试验报告、型式试验报告、安装使用说明书、开箱资料《FTU 二次接线原理图》等）规范、完整，数量满足技术规范要求</td><td>DL/T 995—2016《继电保护和电网安全自动装置检验规程》5.2.2</td><td>资料检查</td><td>□是　□否</td><td></td></tr>
<tr><td>3</td><td>符合生产管理系统要求的设备台账资料应及时录入</td><td>Q/GDW 626—2011《配电自动化系统运行维护管理规范》5.8</td><td>资料检查</td><td>□是　□否</td><td></td></tr>
<tr><td>4</td><td>FTU 保护定值单，保护定值设置及压板投退说明，安装记录及单体调试报告，与主站的联调对点记录等技术文件规范、完整</td><td></td><td>资料检查</td><td>□是　□否</td><td></td></tr>
<tr><td>5</td><td>FTU 配置、维护软件、无线通信配置软件安装包及详细的使用说明</td><td></td><td>资料检查</td><td>□是　□否</td><td></td></tr>
<tr><td colspan="6">二、设备检查</td><td colspan="2">验收人签字：</td></tr>
<tr><td>1</td><td>外观检查</td><td></td><td>外观是否清洁完整，缆线敷设以及网络连接是否符合设计要求且配接正确，标识清晰。接线应无机械损伤，端子压接应紧固、无金属外漏。控缆孔洞封堵应完好，无漏光。装置把手、复归按钮、空气开关应标识正确；压板定义名称应准确，压接可靠，底座无松动，备用压板应拆除。具有明显的装置运行、通信、遥信状态指示等且指示正确</td><td>DL/T 995—2016《继电保护和电网安全自动装置检验规程》5.3.3.2　Q/GDW 514—2010《配电自动化终端/子站功能规范》4.1.5</td><td>现场查看</td><td>□是　□否</td><td></td></tr>
</table>

续表

<table>
<tr><td rowspan="4">设备基础信息</td><td>设备名称</td><td></td><td colspan="2">设备ID</td><td></td></tr>
<tr><td>制造厂家及型号</td><td></td><td colspan="2">出厂日期</td><td></td></tr>
<tr><td>申请单位</td><td></td><td colspan="2">申请日期</td><td></td></tr>
<tr><td>验收单位</td><td></td><td colspan="2">验收日期</td><td></td></tr>
<tr><td>序号</td><td>验收项目</td><td>性质</td><td>验收标准</td><td>验收依据</td><td>检查方式</td><td>验收结论（是否合格）</td><td>验收问题说明</td></tr>
<tr><td>1</td><td>外观检查</td><td></td><td>安装应牢固无倾斜，外观完好无损伤，柜门开闭正常，柜门接地线良好，开关门无压夹地线情况。装置接地是否良好，是否符合国网反措要求，接地线应用截面积不小于4mm²的多股铜线</td><td>《国家电网有限公司十八项电网重大反事故措施（修订版）》15.7.3.1</td><td>现场查看</td><td>□是 □否</td><td></td></tr>
<tr><td rowspan="7">2</td><td rowspan="7">装置检查</td><td rowspan="7">关键</td><td>装置外观是否完整、插件是否齐全，各元件安装、是否插接紧固，无松动现象</td><td>DL/T 995—2016《继电保护和电网安全自动装置检验规程》5.3.3.2</td><td>现场查看</td><td>□是 □否</td><td></td></tr>
<tr><td>检查保护定值单是否整定正确，装置的型号、配置、功能是否与技术规范书一致。微机保护检查各CPU软件版本与说明书应一致，应为厂家提供的最新版本</td><td>DL/T 995—2016《继电保护和电网安全自动装置检验规程》5.3.3.2</td><td>现场查看</td><td>□是 □否</td><td></td></tr>
<tr><td>装置定值的电流互感器、电压互感器变比是否与现场实际相同</td><td>DL/T 995—2016《继电保护和电网安全自动装置检验规程》5.2.2.5</td><td>现场查看</td><td>□是 □否</td><td></td></tr>
<tr><td>现场机械指示和信号指示正确一致，现场电动操作正确可靠</td><td>Q/GDW 1382—2013《配电自动化技术导则》10.2</td><td>现场查看</td><td>□是 □否</td><td></td></tr>
<tr><td>装置通信模块配置齐全，采用光线通信方式，需检查有光纤及ONU等设备。采用无线通信方式，需检查有无无线通信模块</td><td>Q/GDW 1382—2013《配电自动化技术导则》8.3</td><td>现场查看</td><td>□是 □否</td><td></td></tr>
<tr><td>装置通过内嵌安全芯片与主站加密通信正常</td><td>运检三〔2017〕6号文附件二《配电自动化系统网络安全防护方案》</td><td>现场查看</td><td>□是 □否</td><td></td></tr>
<tr><td>装置具备本地和规约对时功能</td><td>Q/GDW 514—2010《配电自动化终端/子站功能规范》4.2.1j</td><td>现场查看</td><td>□是 □否</td><td></td></tr>
<tr><td></td><td></td><td></td><td>装置具有后备电源，主电源故障时，备用电源能自动无缝投入，不发生装置重启及误发信号情况。后备电源单独供电时长满足技术规范要求。蓄电池应能手动、定时、远方活化</td><td>运检三〔2017〕6号文附件三《配电自动化终端子站功能规范》6.1.1lm</td><td>现场抽检</td><td>□是 □否</td><td></td></tr>
</table>

续表

<table>
<tr><td rowspan="4">设备基础信息</td><td>设备名称</td><td colspan="3"></td><td>设备ID</td><td colspan="2"></td></tr>
<tr><td>制造厂家及型号</td><td colspan="3"></td><td>出厂日期</td><td colspan="2"></td></tr>
<tr><td>申请单位</td><td colspan="3"></td><td>申请日期</td><td colspan="2"></td></tr>
<tr><td>验收单位</td><td colspan="3"></td><td>验收日期</td><td colspan="2"></td></tr>
<tr><td>序号</td><td>验收项目</td><td>性质</td><td>验收标准</td><td>验收依据</td><td>检查方式</td><td>验收结论（是否合格）</td><td>验收问题说明</td></tr>
<tr><td rowspan="3">3</td><td rowspan="3">二次回路检查</td><td rowspan="3">关键</td><td>TA 二次回路是否有且只能有一点接地；TV 二次回路必须有且只能有一点接地</td><td>DL/T 995—2016《继电保护和电网安全自动装置检验规程》5.3.2</td><td>现场查看/影像资料</td><td>□是 □否</td><td></td></tr>
<tr><td>二次回路绝缘电阻要求：额定电压不大于 60V，绝缘电阻不小于 5MΩ（250V 绝缘电阻表）；额定电压大于 60V，绝缘电阻不小于 5MΩ（500V 绝缘电阻表）</td><td>运检三〔2017〕6号文附件四《配电自动化终端技术规范》7.2.1a</td><td>现场抽检</td><td>□是 □否</td><td></td></tr>
<tr><td>二次线路横平竖直，并用扎带扎紧；接线正确可靠，无松脱现象，无金属部分露出；端子连接连接正确紧固；二次线接线端子标号准确清晰</td><td>Q/GDW 744—2012《配电网技改大修项目交接验收技术规范》7.1</td><td>现场查看</td><td>□是 □否</td><td></td></tr>
<tr><td rowspan="5">4</td><td rowspan="5">装置单体调试</td><td rowspan="5">关键</td><td>电流、电压精度满足 0.5 级准确度要求。无功、有功满足 1 级准确度要求。有功电量满足 0.5 级、无功电量满足 2.0 级准确度，功率因数分辨率不大于 0.01</td><td>运检三〔2017〕6号文附件四《配电自动化终端技术规范》6.7.1a</td><td>查看报告/现场抽检</td><td>□是 □否</td><td></td></tr>
<tr><td>采集开关动作、远方/就地、储能状态等信息</td><td>运检三〔2017〕6号文附件四《配电自动化终端技术规范》6.7.1b</td><td>查看报告</td><td>□是 □否</td><td></td></tr>
<tr><td>装置本地、软件遥控开入开出及软压板是否正常，传动测试正常</td><td>DL/T 995—2016《继电保护和电网安全自动装置检验规程》5.3.3.8、5.3.7.5</td><td>现场查看</td><td>□是 □否</td><td></td></tr>
<tr><td>无线通信模块应具备断线自动重连功能</td><td>运检三〔2017〕6号文附件四《配电自动化终端技术规范》6.6b</td><td>现场抽检</td><td>□是 □否</td><td></td></tr>
<tr><td>具备相间短路、接地故障出口功能，具备就地型馈线自动化功能</td><td>运检三〔2017〕6号文附件三《配电自动化终端子站功能规范》6.1.1c、6.1.2c</td><td>查看报告/现场抽检</td><td>□是 □否</td><td></td></tr>
<tr><td rowspan="2">5</td><td rowspan="2">与配电自动化主站对点调试</td><td rowspan="2">关键</td><td>本地遥信、遥测变化时，主站接收到的数据误差及时延迟满足技术规范要求</td><td>DL/T 721—2013《配电自动化远方终端》4.5</td><td>查看报告</td><td>□是 □否</td><td></td></tr>
<tr><td>具备电能量计算功能，包括当前、15min 冻结、日冻结、潮流变化冻结电能量数据，可上送到主站</td><td>运检三〔2017〕6号文附件三《配电自动化终端子站功能规范》6.1.1h</td><td>现场查看</td><td>□是 □否</td><td></td></tr>
</table>

续表

设备基础信息	设备名称			设备ID		
	制造厂家及型号			出厂日期		
	申请单位			申请日期		
	验收单位			验收日期		
序号	验收项目	性质	验收标准	验收依据	检查方式	验收结论（是否合格）	验收问题说明
5	与配电自动化主站对点调试	关键	具备终端参数、定值的远方调阅及配置功能	运检三〔2017〕6号文附件三《配电自动化终端/子站功能规范》5.2.10、5.2.14	现场查看	□是　□否	
			在通信条件允许的情况下，应具备远方控制复归、开关分合及软压板投退的功能	运检三〔2017〕6号文附件三《配电自动化终端/子站功能规范》6.1.1b	现场查看	□是　□否	
三、馈线自动化功能测试						验收人签字：	
	FA功能测试	关键	终端FA功能是否合格		查看报告/现场抽检	□是　□否	
四、专用工器具及备品备件						验收人签字：	
	专用工器具及备品备件	关键	专用工器具及备品备件是否齐全，包括柜门钥匙、维护线等			□是　□否	

附录 E　TTU 交接验收作业指导卡

保护装置基础信息	设备名称			FTU 唯一 ID		
	制造厂家及型号			出厂日期		
	申请单位			申请日期		
	验收单位			验收日期		

序号	验收项目	性质	验收标准	验收依据	检查方式	验收结论（是否合格）	验收问题说明
一、资料完整及移交　　　　　　　　　　　　　　　　　验收人签字：						
1	资料移交	关键	工程设计资料（包括设计图纸文件资料、设计联络文件等）规范、完整，数量满足技术规范要求	DL/T 995—2016《继电保护和电网安全自动装置检验规程》5.2.2	资料检查	□是　□否	
2			设备的技术资料（设备订货相关文件、监造报告、抽检报告、出厂试验报告、型式试验报告、安装使用说明书、开箱资料、TTU 及 LTU 低压拓扑接线图、无线通信缴费单等）规范、完整，数量满足技术规范要求	DL/T 995—2016《继电保护和电网安全自动装置检验规程》5.2.2	资料检查	□是　□否	
3			符合生产管理系统要求的设备台帐资料应及时录入	Q/GDW 626—2011《配电自动化系统运行维护管理规范》5.8	资料检查	□是　□否	
4			安装记录及单体调试报告、交接试验报告、与主站的调试记录等技术文件规范、完整		资料检查	□是　□否	
5			TTU 配置、无线模块配置、维护软件安装包及详细的使用说明		资料检查	□是　□否	
二、设备检查　　　　　　　　　　　　　　　　　　　验收人签字：						
1	装置检查		外观是否清洁完整，缆线敷设以及网络连接，符合设计要求且配接正确，标识清晰。接线应无机械损伤，端子压接应紧固。控缆孔洞封堵完好，无漏光。空气开关应标识正确；具有明显的装置运行、通信、状态指示等且指示正确	DL/T 995—2016《继电保护和电网安全自动装置检验规程》5.3.3.2　Q/GDW 514—2010《配电自动化终端/子站功能规范》4.1.5	现场查看	□是　□否	

续表

<table>
<tr><td rowspan="4">保护装置基础信息</td><td colspan="2">设备名称</td><td></td><td>FTU 唯一 ID</td><td colspan="2"></td></tr>
<tr><td colspan="2">制造厂家及型号</td><td></td><td>出厂日期</td><td colspan="2"></td></tr>
<tr><td colspan="2">申请单位</td><td></td><td>申请日期</td><td colspan="2"></td></tr>
<tr><td colspan="2">验收单位</td><td></td><td>验收日期</td><td colspan="2"></td></tr>
<tr><td>序号</td><td>验收项目</td><td>性质</td><td>验收标准</td><td>验收依据</td><td>检查方式</td><td>验收结论（是否合格）</td><td>验收问题说明</td></tr>
<tr><td rowspan="7">1</td><td rowspan="7">装置检查</td><td rowspan="7">关键</td><td>安装应牢固无倾斜，外观完好无损伤。装置接地是否良好，是否符合国网反措要求，接地线应用截面积不小于 4mm² 的多股铜线</td><td>《国家电网有限公司十八项电网重大反事故措施（修订版）》15.7.3.1</td><td>现场查看</td><td>□是 □否</td><td></td></tr>
<tr><td>插件是否齐全，各元件安装、插接紧固，无松动现象</td><td>DL/T 995—2016《继电保护和电网安全自动装置检验规程》5.3.3.2</td><td>现场查看</td><td>□是 □否</td><td></td></tr>
<tr><td>检查保护定值单整定正确：装置的型号、配置、功能是否与技术规范书一致</td><td>DL/T 995—2016《继电保护和电网安全自动装置检验规程》5.3.3.2</td><td>现场查看</td><td>□是 □否</td><td></td></tr>
<tr><td>装置定值的电流互感器、电压互感器变比是否与现场实际相同</td><td>DL/T 995—2016《继电保护和电网安全自动装置检验规程》5.2.2.5</td><td>现场查看</td><td>□是 □否</td><td></td></tr>
<tr><td>装置通过内嵌安全芯片与主站加密通信正常</td><td>运检三〔2017〕6号文附件二《配电自动化系统网络安全防护方案》</td><td>现场查看</td><td>□是 □否</td><td></td></tr>
<tr><td>装置对时功能是否工作正常</td><td>运检三〔2017〕6号附件7《智能配变终端技术规范》6.6.1.15</td><td>现场查看</td><td>□是 □否</td><td></td></tr>
<tr><td>装置电源应采用低压三相四线接线方式，可缺相运行</td><td>运检三〔2017〕6号文附件四《配电自动化终端技术规范》6.7.3d</td><td>现场抽检</td><td>□是 □否</td><td></td></tr>
<tr><td rowspan="3">2</td><td rowspan="3">二次回路检查</td><td rowspan="3">关键</td><td>TA 二次回路是否有且只有一点接地</td><td>DL/T 995—2016《继电保护和电网安全自动装置检验规程》5.3.2</td><td>现场查看</td><td>□是 □否</td><td></td></tr>
<tr><td>二次线路横平竖直，并用扎带扎紧；接线正确可靠，无松脱现象，无金属部分露出；端子连片连接正确紧固；二次线接线端子标号准确清晰</td><td>Q/GDW 744—2012《配电网技改大修项目交接验收技术规范》7.1</td><td>现场查看</td><td>□是 □否</td><td></td></tr>
<tr><td>二次回路绝缘电阻要求：额定电压不大于 60V，绝缘电阻不小于 5MΩ（250V 绝缘电阻表）；额定电压大于 60V，绝缘电阻不小于 5MΩ（500V 绝缘电阻表）</td><td>运检三〔2017〕6号文附件7《智能配变终端技术规范》7.2.1</td><td>查看资料</td><td>□是 □否</td><td></td></tr>
</table>

续表

<table>
<tr><td rowspan="4">保护装置基础信息</td><td>设备名称</td><td></td><td colspan="2">FTU唯一ID</td><td colspan="2"></td></tr>
<tr><td>制造厂家及型号</td><td></td><td colspan="2">出厂日期</td><td colspan="2"></td></tr>
<tr><td>申请单位</td><td></td><td colspan="2">申请日期</td><td colspan="2"></td></tr>
<tr><td>验收单位</td><td></td><td colspan="2">验收日期</td><td colspan="2"></td></tr>
<tr><td>序号</td><td>验收项目</td><td>性质</td><td>验收标准</td><td>验收依据</td><td>检查方式</td><td>验收结论（是否合格）</td><td>验收问题说明</td></tr>
<tr><td rowspan="4">3</td><td rowspan="4">装置单体调试</td><td rowspan="4">关键</td><td>电流、电压精度满足0.5级准确度要求。无功、有功满足1级准确度要求</td><td>运检三〔2017〕6号文附件四《配电自动化终端技术规范》6.7.3</td><td>现场查看/现场抽检</td><td>□是　□否</td><td></td></tr>
<tr><td>采集配电变压器低压侧总的三相电压、电流等配电变压器监测功能</td><td>运检三〔2017〕6号文附件7《智能配变终端技术规范》6.6.1.1</td><td>现场查看</td><td>□是　□否</td><td></td></tr>
<tr><td>无线通信模块应具备断线自动重连功能</td><td>运检三〔2017〕6号文附件4《配电自动化终端技术规范》6.6b</td><td>现场抽检</td><td>□是　□否</td><td></td></tr>
<tr><td>数据记录及远传功能</td><td>运检三〔2017〕6号文附件7《智能配变终端技术规范》6.6.1.10</td><td>现场抽检</td><td>□是　□否</td><td></td></tr>
<tr><td rowspan="2">4</td><td rowspan="2">与配电自动化主站调试</td><td rowspan="2">关键</td><td>本地遥信、遥测变化时，主站接收到的数据误差及时延应满足技术规范要求</td><td></td><td>现场查看</td><td>□是　□否</td><td></td></tr>
<tr><td>具备终端参数、统计数据的远方调阅及配置功能</td><td>运检三〔2017〕6号文附件7《智能配变终端技术规范》6.6.1.12</td><td>现场查看</td><td>□是　□否</td><td></td></tr>
<tr><td colspan="6">三、专用工器具及备品备件</td><td colspan="2">验收人签字：</td></tr>
<tr><td colspan="2">专用工器具及备品备件</td><td colspan="3">专用工器具及备品备件是否齐全，包括柜门钥匙、维护线等</td><td></td><td>□是　□否</td><td></td></tr>
</table>

附录 F 继电保护及自动装置交接验收作业指导卡

保护装置基础信息	设备名称			出厂编号		
	制造厂家、型号			出厂日期		
	申请单位			申请日期		
	验收单位			验收日期		

序号	验收项目	性质	验收标准	验收依据	检查方式	验收结论（是否合格）	验收问题说明
一、资料完整及移交						验收人签字：	
1	资料移交		工程设计资料（包括设计图纸文件资料、设计联络文件等）规范、完整，数量满足技术规范要求	DL/T 995—2016《继电保护和电网安全自动装置检验规程》5.2.2	资料检查	□是　□否	
2	资料移交		设备的技术资料（设备订货相关文件、监造报告、抽检报告、出厂试验报告、型式试验报告、安装使用说明书、开箱资料等）规范、完整，数量满足技术规范要求	DL/T 995—2016《继电保护和电网安全自动装置检验规程》5.2.2	资料检查	□是　□否	
3		关键	保护定值单，保护定值设置及压板投退说明，安装记录及单体调试报告、交接试验报告等技术文件规范、完整	DL/T 995—2016《继电保护和电网安全自动装置检验规程》5.2.2	资料检查	□是　□否	
二、设备检查						验收人签字：	
1	屏柜检查		屏柜外观是否清洁完整，缆线敷设以及网络连接符合设计要求且配接正确，标识清晰。屏后应清洁无尘，接线应无机械损伤，端子压接应紧固。孔洞封堵完好，无漏光。保护屏面把手、复归按钮、空气开关应双重编号正确；压板应采用双重编号，压板定义名称应准确，压接可靠，底座无松动，备用压板应拆除	DL/T 995—2016《继电保护和电网安全自动装置检验规程》5.3.3.2	现场查看	□是　□否	
			保护屏安装应牢固无倾斜，外观完好无损伤，前后柜门开闭正常，柜门接地线良好，开关门无压夹地线情况。屏底接地是否良好，是否符合国家电网有限公司反措要求，接地线应用截面积不小于4mm²的多股铜线	《国家电网有限公司十八项电网重大反事故措施（修订版）》15.7.3.1	现场查看	□是　□否	

续表

保护装置基础信息	设备名称			出厂编号		
	制造厂家、型号			出厂日期		
	申请单位			申请日期		
	验收单位			验收日期		

序号	验收项目	性质	验收标准	验收依据	检查方式	验收结论（是否合格）	验收问题说明
2	装置检查	关键	装置外观是否完整、插件是否齐全，各元件是否安装、插接紧固，无松动现象	DL/T 995—2016《继电保护和电网安全自动装置检验规程》5.3.3.2	现场查看	□是 □否	
			检查保护定值单整定正确；装置的型号、各软件版本、配置、功能是否与技术规范书一致。微机保护检查各 CPU 软件版本与说明书应一致，应为厂家提供的最新版本	DL/T 995—2016《继电保护和电网安全自动装置检验规程》5.3.3.2	现场查看	□是 □否	
			装置定值的电流互感器、电压互感器变比是否与现场实际相同	DL/T 995—2016《继电保护和电网安全自动装置检验规程》5.2.2.5	现场查看	□是 □否	
			装置时间参数是否正常		现场查看	□是 □否	
3	直流系统	关键	屏柜外观是否清洁完整，缆线敷设是否符合设计要求且配接正确，标识清晰		现场查验/查阅资料	□是 □否	
			屏柜接地是否良好		现场查验/查阅资料	□是 □否	
			直流系统的各装置外观是否完整、插件是否齐全		现场查验/查阅资料	□是 □否	
			直流系统的各装置的型号、各软件版本、配置、功能是否与技术规范书一致		现场查验/查阅资料	□是 □否	
			充电、浮充电装置，应满足稳压精度优于 0.5%、稳流精度优于 1%、输出电压纹波系数不大于 0.5%		现场查验/查阅资料	□是 □否	
4	二次回路检查	关键	TA 二次回路是否有且只有一点接地；TV 二次回路必须有且只有一点接地	DL/T 995—2016《继电保护和电网安全自动装置检验规程》5.3.2	现场查看	□是 □否	
			二次线路横平竖直，并用扎带扎紧；接线正确可靠，无松脱现象，无金属部分露出；端子连片连接正确紧固；二次线接线端子标号准确清晰	Q/GDW 744—2012《配电网技改大修项目交接验收技术规范》7.1	现场查看	□是 □否	

续表

保护装置基础信息	设备名称			出厂编号		
	制造厂家、型号			出厂日期		
	申请单位			申请日期		
	验收单位			验收日期		

序号	验收项目	性质	验收标准	验收依据	检查方式	验收结论（是否合格）	验收问题说明
4	二次回路检查	关键	交流电流、电压、直流二次回路绝缘电阻，交直流回路之间的绝缘电阻，要求大于10MΩ（1000V绝缘电阻表）	DL/T 995—2016《继电保护和电网安全自动装置检验规程》5.3.2.4	现场查看	□是 □否	
5	装置单体调试		模拟量通道是否正常，包括：零点漂移、电流、电压输入的幅值和相位精度满足要求	DL/T 995—2016《继电保护和电网安全自动装置检验规程》6.3.5	现场查看	□是 □否	
			TV或TA断线应闭锁的保护能可靠闭锁，不发生误动作，信号正确		现场查看	□是 □否	
			开关量通道是否正常，包括：开入功能、开出功能	DL/T 995—2016《继电保护和电网安全自动装置检验规程》5.3.3.8、5.3.7.5	现场查看	□是 □否	
		关键	装置保护功能单体试验是否完成。试验报告格式是否正确、试验项目是否完整、试验结果是否满足规程要求		现场查看	□是 □否	
6	装置系统调试	关键	整组传动试验是否完成，检查试验中本装置动作行为、相应保护之间的配合、相应开关动作行为是否正确		现场查看	□是 □否	

三、专用工器具及备品备件　　　　　　　　　　　　　　　　　　　　验收人签字：

专用工器具及备品备件	专用工器具及备品备件是否齐全		□是 □否	

附录G 远传型故障指示器（包括外施信号源）验收作业指导卡

设备基础信息	设备名称			设备ID	
	制造厂家及型号			出厂日期	
	申请单位			申请日期	
	验收单位			验收日期	

序号	验收项目	性质	验收标准	验收依据	检查方式	验收结论（是否合格）	验收问题说明
一、资料完整及移交						验收人签字：	
1	资料移交		工程设计资料（包括设计图纸文件资料、设计联络文件等）规范、完整，数量满足技术规范要求	DL/T 995—2016《继电保护和电网安全自动装置检验规程》5.2.2	资料检查	□是 □否	
2		关键	设备的技术资料（设备订货相关文件、监造报告、抽检报告、出厂试验报告、型式试验报告、安装使用说明书、开箱资料（含二次接线原理图等）规范、完整，数量满足技术规范要求	DL/T 995—2016《继电保护和电网安全自动装置检验规程》5.2.2	资料检查	□是 □否	
3			符合生产管理系统要求的设备台账资料应及时录入	Q/GDW 626—2011《配电自动化系统运行维护管理规范》5.8	资料检查	□是 □否	
4			安装记录及单体调试报告、交接试验报告、与主站的对点记录等技术文件规范、完整		资料检查	□是 □否	
5			故障指示器配置、维护软件安装包及详细的使用说明		资料检查	□是 □否	
二、设备检查						验收人签字：	
1	采集单元检查	关键	采集单元报警指示灯应采用不少于3只超高亮LED发光二极管，布置在采集单元正常安装位置的下方，地面360°可见。采集单元应有ABC的相别标识，有潮流方向分别应用箭头标识。外观应整洁美观、无损伤或机械形变	运检三〔2017〕6号文附件12《配电线路故障指示器进货前及到货后检测方案》	现场查看	□是 □否	

续表

<table>
<tr><td rowspan="4">设备基础信息</td><td>设备名称</td><td colspan="2"></td><td>设备ID</td><td colspan="2"></td></tr>
<tr><td>制造厂家及型号</td><td colspan="2"></td><td>出厂日期</td><td colspan="2"></td></tr>
<tr><td>申请单位</td><td colspan="2"></td><td>申请日期</td><td colspan="2"></td></tr>
<tr><td>验收单位</td><td colspan="2"></td><td>验收日期</td><td colspan="2"></td></tr>
<tr><td>序号</td><td>验收项目</td><td>性质</td><td>验收标准</td><td>验收依据</td><td>检查方式</td><td>验收结论（是否合格）</td><td>验收问题说明</td></tr>
<tr><td rowspan="4">1</td><td rowspan="4">采集单元检查</td><td rowspan="4">关键</td><td>应采用TA取电并辅以超级电容作为主供电源，能量密度不低于锂电池的非充电电池作为后备电源。主供电源和后备电源相互独立，当主供电源不能维持装置全功能工作时，后备电源自动投入。当主供电源恢复时，自动切回主供电源供电。线路负荷电流不小于5A时，TA取电5s内应能满足装置全功能工作需求</td><td>运检三〔2017〕6号文附件12《配电线路故障指示器进货前及到货后检测方案》</td><td>查看报告</td><td>□是 □否</td><td></td></tr>
<tr><td>负荷电流为0～100A时，测量误差为±3A。负荷电流为100～600A时，测量误差为±3%</td><td>运检三〔2017〕6号文附件12《配电线路故障指示器进货前及到货后检测方案》</td><td>查看报告</td><td></td><td></td></tr>
<tr><td>采集单元应能完成短路及接地故障识别，主动上传信号给汇集单元，同时采集单元翻牌、闪光示警。暂态录波型采集单元应具有在接地时三相同步录波的功能</td><td>运检三〔2017〕6号文附件12《配电线路故障指示器进货前及到货后检测方案》</td><td>查看报告</td><td></td><td></td></tr>
<tr><td>采集单元应能根据故障类型选择复位形式。永久性故障上电后自动延时复位，瞬时性故障后按设定时间复位，或执行主站远程复位</td><td>运检三〔2017〕6号文附件12《配电线路故障指示器进货前及到货后检测方案》</td><td>查看报告</td><td></td><td></td></tr>
<tr><td rowspan="2">2</td><td rowspan="2">汇集单元检查</td><td rowspan="2">关键</td><td>外观应整洁美观、无损伤或机械形变，内部元器件、部件固定应牢固，封装材料应饱满、牢固、光亮、无流痕、无气泡。汇集单元的底部应具备绿色运行闪烁指示灯</td><td>运检三〔2017〕6号文附件12《配电线路故障指示器进货前及到货后检测方案》</td><td>现场查看</td><td>□是 □否</td><td></td></tr>
<tr><td>可采用太阳能板或TA取电方式供电，并辅以可充电电池作为后备电源</td><td>运检三〔2017〕6号文附件12《配电线路故障指示器进货前及到货后检测方案》</td><td>现场查看</td><td>□是 □否</td><td></td></tr>
</table>

续表

设备基础信息	设备名称				设备 ID		
	制造厂家及型号				出厂日期		
	申请单位				申请日期		
	验收单位				验收日期		

序号	验收项目	性质	验收标准	验收依据	检查方式	验收结论（是否合格）	验收问题说明
2	汇集单元检查	关键	汇集单元电源回路与外壳之间绝缘电阻不小于5MΩ（额定绝缘电压 U_i 不大于60V）	运检三〔2017〕6号文附件12《配电线路故障指示器进货前及到货后检测方案》	查看报告/现场抽检	□是 □否	
			装置通过内嵌安全芯片与主站加密通信正常	运检三〔2017〕6号文附件11《配电线路故障指示器入网检测方案》	现场查看	□是 □否	
			正确关联、接收采集单元信号				
			装置对时功能工作正常	运检三〔2017〕6号文附件11《配电线路故障指示器入网检测方案》	现场查看	□是 □否	
3	外施信号源检查	关键	TA 二次回路必须有且只能有一点接地	DL/T 995—2016《继电保护和电网安全自动装置检验规程》5.3.2	现场查看	□是 □否	
			二次回路绝缘电阻要求：额定电压不大于60V，绝缘电阻不小于 5MΩ（250V 绝缘电阻表）；额定电压大于60V，绝缘电阻不小于5MΩ（500V 绝缘电阻表）	运检三〔2017〕6号文附件四《配电自动化终端技术规范》7.2.1a	查看报告	□是 □否	
			判断线路接地电压特征，正常启动线路接地特征信号投切		查看报告	□是 □否	
			与主站通过内嵌安全芯片通信，上送接地遥信、电压遥测等信号。装置对时功能正常		查看报告	□是 □否	
4	汇集单元带采集单元与主站联调	关键	汇集单元与采集单元通信正常，能合成采集单元的三相电流录波为零序电流波形，上传至主站用于接地判断	运检三〔2017〕6号文附件11《配电线路故障指示器入网检测方案》	查看报告	□是 □否	

续表

设备基础信息	设备名称				设备ID			
	制造厂家及型号				出厂日期			
	申请单位				申请日期			
	验收单位				验收日期			
序号	验收项目	性质	验收标准	验收依据	检查方式	验收结论（是否合格）	验收问题说明
4	汇集单元带采集单元与主站联调	关键	上送短路、接地、电池低电量告警遥信正确反应，上送主站采集单元三相负荷电流遥测分辨率正常，主站远程复归故障遥信功能正常		查看报告	□是 □否	
			无线通信模块应具备断线自动重连功能	运检三〔2017〕6号文附件四《配电自动化终端技术规范》6.6b	现场查看	□是 □否	
三、专用工器具及备品备件					验收人签字：		
	专用工器具及备品备件	关键	专用工器具及备品备件是否齐全，包括安装拆卸采集单元工具、信号源保险等			□是 □否	